建设工程绿色建造调研报告系列丛书

上海市 建设工程绿色建造 调研报告

中国施工企业管理协会 · 编

2024

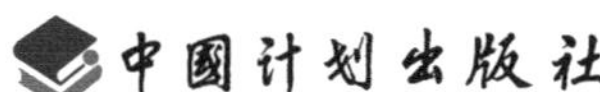

· 北 京 ·

图书在版编目（CIP）数据

上海市建设工程绿色建造调研报告. 2024 / 中国施工企业管理协会编. -- 北京：中国市场出版社有限公司：中国计划出版社，2024. 8

（建设工程绿色建造调研报告系列丛书）

ISBN 978-7-5092-2552-3

Ⅰ. ①上… Ⅱ. ①中… Ⅲ. ①建筑工程-无污染技术-调查报告-上海-2023 Ⅳ. ①TU-023

中国国家版本馆 CIP 数据核字（2024）第 083928 号

上海市建设工程绿色建造调研报告（2024）

SHANGHAI SHI JIANSHE GONGCHENG LÜSE JIANZAO DIAOYAN BAOGAO (2024)

编　　者：中国施工企业管理协会
责任编辑：王雪飞

出版发行：中国市场出版社 中国计划出版社
社　　址：北京市西城区月坛北小街 2 号院 3 号楼（100837）
电　　话：（010）68034118/68021338
网　　址：http：//www. scpress. cn

印　　刷：北京捷迅佳彩印刷有限公司
规　　格：170mm×240mm　　1/16
印　　张：11. 75　　**字　　数**：155 千字
版　　次：2024 年 8 月第 1 版　　**印　　次**：2024 年 8 月第 1 次印刷
书　　号：ISBN 978-7-5092-2552-3
定　　价：80. 00 元

《上海市建设工程绿色建造调研报告（2024）》

编委会

主　编： 尚润涛

副主编： 王　锋　韩　靖　张淳劼　袁　梅

委　员：（按姓氏笔画排序）

于永志　王　飞　王厉富　王殿明　方　正　石祥颤　朱　勇
刘　星　衣　俊　江　天　孙　瑀　杜　量　李　响　李子乔
肖　翔　吴炜程　何　昀　邹　阳　沈俊杰　宋育昌　张　华
张　雪　张　斌　张宇晴　张绍骞　张春雷　张晓杨　张继强
陆嘉凡　陈　亮　陈　勇　陈家林　邵泽军　范　谨　罗赛楠
金　鑫　金光雷　钟世龙　施　杨　袁晓宇　夏源思　徐广鸥
徐文宝　徐辰春　唐　旭　唐　昽　陶云海　黄大伟　黄伟桐
黄孝庆　黄钰涛　曹　灿　龚凌霄　龚浩强　崔立秋　谌柳谦
蒋　晨　蒋佳炜　蒋承均　韩新华　蒯本坤　雷鸣远　虞林兵
蔡　瑜　臧鹏雷　翟付成

为深入贯彻习近平生态文明思想，积极探索工程建设行业绿色发展路径，推动发展方式绿色转型。中国施工企业管理协会从2019年开始，联合中国中铁股份有限公司、中国交通建设股份有限公司、上海建工股份有限公司、中铁建工集团有限公司、山东电力工程咨询院有限公司五家企业，开展了“工程建设项目设计、建造和运维绿色水平评价指标体系研究”（简称“绿色水平评价指标体系研究”），取得了许多重要成果，形成了《工程建设项目绿色建造水平评价标准》。

“绿色水平评价指标体系研究”这一课题，由世界银行、全球环境基金与国家发展改革委联合设立，目的是按照党中央、国务院关于建立统一的绿色标准体系的要求，将分头设立的环保、节能、节水、循环、低碳等标准整合为统一的、可视化的、可操作的绿色标准体系，进一步规范工程建设项目绿色评价，促进绿色建造水平提升。

五年来，我们坚持边实践、边探索，联合各省市建筑业协会、工程协会，不断加大对《工程建设项目绿色建造水平评价标准》的推广运用力度，在指导绿色建造上发挥了积极作用。中国施工企业管理协会绿色建造工作委员会，对推广运用成果进行总结梳理，形成了“建设工程绿色建造调研报告系列丛书”，供大家学习借鉴。

本系列丛书按照一省一册的架构编纂，主要是考虑到绿色建造具有一定的区域差别，不同地区、不同环境对绿色发展有不同的具体要求，在绿色建造上有不同的特点。按照一省一册的架构编纂，既突出了绿色低碳发展的共性要求，又彰显出不同省市、不同区域的特色，有助于不同地区的企业相互学习、取长补短，使区域发展的经验成果变为大家的共同财富。

本系列丛书以工程建设项目为载体，根据项目建设在推动经济社会发展绿色化、低碳化的地位作用，归纳为生态治理篇、循环经济篇、城乡建设篇、绿色交通篇、减污降碳篇、绿色科技篇、绿色供应链篇、新能源篇等，根据区域绿色建造实际进行设置。在内容编纂上，突出对绿色发展理念的宣传解读，引导读者学习了解绿色发展的新思想、新观念、新知识，站在绿色发展的前沿思考问题、谋划发展；突出绿色建造问题的分析研究，对制约绿色发展的瓶颈问题，通过项目实践搞探索、找答案，既注重具体问题的研究解决，又提供了引领发展的思路、办法，引导企业探寻绿色建造的特点和规律；突出绿色技术成果的推广应用，包括绿色建造装备、绿色建造材料、绿色建造技术、绿色建造的管理模式、管理办法等，都在本系列丛书中有充分的体现。

绿色建造水平评价离不开对具体问题的定性、定量分析。本系列丛书的每一个篇章都附有行业绿色发展数据分析，包括材料资源、水资源、能源的节约和循环利用，垃圾控制和循环利用，二氧化碳排放等方面，并通过数据分析，指出绿色建造在技术、管理、材料运用等方面的发展趋势，方便读者就某一领域、某个问题进行深入学习研究。

绿色建造是一个不断学习、不断实践、不断探索的过程，我们真诚欢迎广大读者提出宝贵意见，以便于我们对系列丛书不断进行充实完善，使之在指导行业发展中发挥更大的价值和作用。

愿我们共同携手，为建设美丽中国作出新的更大贡献。

中国施工企业管理协会

2024 年 1 月

第一篇

生态治理篇

第二篇

城市建设篇

第三篇

碳排放管理

第四篇

行业数据分析

第一篇

生态治理篇

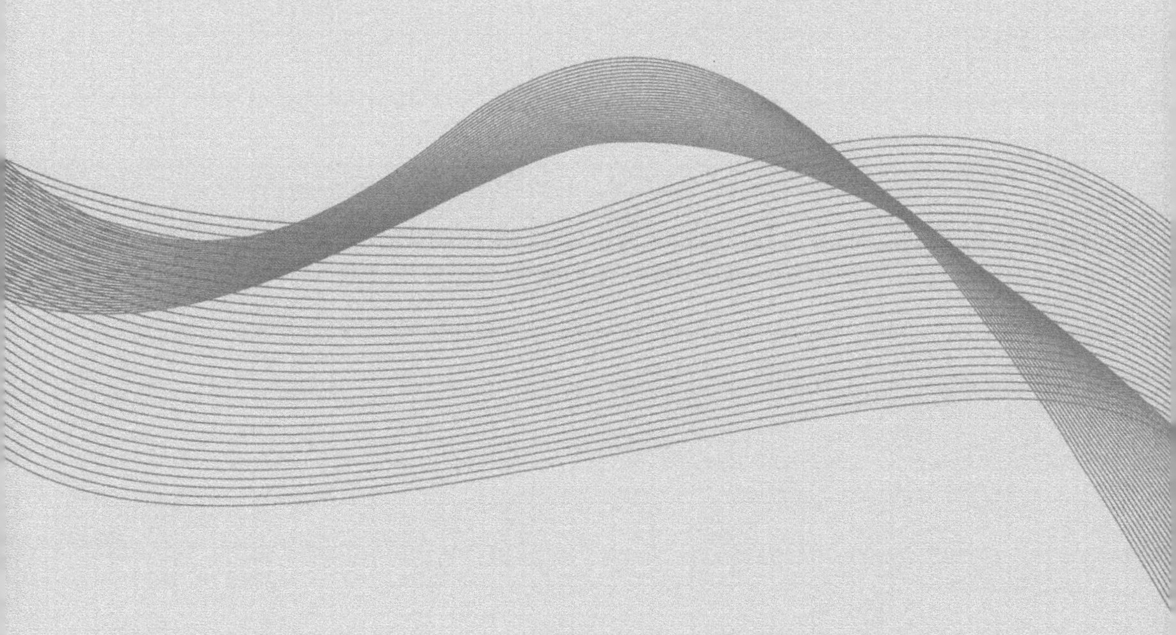

水生态治理调研现状

自“九五”以来，国家先后将淮河、辽河、海河、太湖、巢湖、滇池、三峡库区及其上游、松花江、黄河中上游、丹江口库区及上游、长江中下游等流域列为水污染防治重点流域，“十三五”规划范围进一步拓展，水污染防治取得显著成效。

而随着《中华人民共和国国民经济和社会发展第十四个五年规划和2035年远景目标纲要》《重点流域水生态环境保护规划（2021—2025年）》等文件的相继出台，国家对生态环境的持续改善及行业未来的发展方向做出新的重要部署，标志着我国进入了从水污染防治向水环境、水生态、水资源“三水”统筹转变的新时代。

2021年1月30日，上海市人民政府办公厅发布《上海市国民经济和社会发展第十四个五年规划和二〇三五年远景目标纲要》，为推进上海市水系统治理，水生态环境质量持续改善给出了纲领性文件。上海市水务局（上海市海洋局）每年发布《上海市水资源公报》及《上海市水质易反复水体治理进展情况》。

从上海市“十四五”规划和2035年远景目标纲要及上海水务局的报告内容，可以看出经过多年治理，上海市水资源保护和治理取得一定成效，水质明显提升、末端能力持续增强、流域治水合力进一步凝聚。

案例1　上海市东引河河道整治工程

摘要：河道水质生态改善是东引河河道整治工程中的重要环节，其建造有着改善水质、改善生态环境、提高物种多样性的功能。在水生态工程实施过程中，技术人员结合现场及周边环境、工程实际情况等，进行具体分析，制定了水生态施工的绿色施工技术，通过优化施工工艺、节约材料，将生态技术与施工技术相结合，大大降低了水利工程建设对环境的影响，同时确保了河流中生物的多样性和系统的稳定性，还能够提高水利工程整体的社会效益、环境效益和经济效益。由于传统的建筑方式能耗高、浪费大、污染严重，与社会的发展趋势相抵触，因此在水利工程中运用生态治理技术。

关键词： 生态技术，水利工程，效益

1　技术概况

1.1　水生态绿色施工技术

水生态绿色施工技术是一种将生态技术与施工技术相结合，利用物理、生物、化学等方法对污染水体进行净化的施工技术，水质净化工艺流程如图 1 所示。

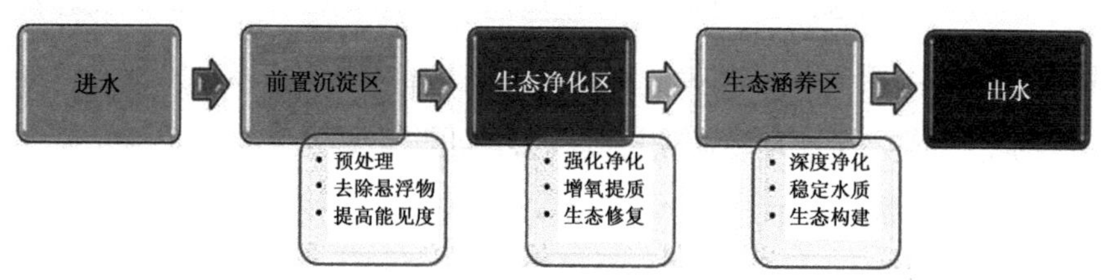

图 1　水质净化工艺流程

大治河来水进入前置沉淀区，通过自然沉淀作用和生物栅的截滤、接触沉淀作用去除来水中较大颗粒的悬浮物质以及部分颗粒态氮磷，然后出水进入生态净化区，在好氧曝气条件下，经过人工介质（包括碳素纤维膜）表面生物膜的氧化作用和水生植物根系的共同作用，生态净化区出水进入生态涵养区，在生态涵养区种植水生植物和投放水生动物，同时构建鱼巢、种子库等生境条件，完善水生态系统，抑制藻类增殖，稳定水质。

该工艺适用于水质污染性不大、水流通性小的河道。此项技术是由施

工技术和生态技术相结合而形成的水生态工程技术。

1.2 综合效益

1.2.1 社会效益

通过新建堤防等工程措施，按照规划要素规模清淤，可以更好地发挥河道在区域防洪除涝和水资源配置中的作用，同时防洪除涝标准的提高，亦改善了该地区的投资环境。

1.2.2 经济效益

与其他工程的效益计算不同，防洪除涝工程不能直接创造财富，而是把因修建防洪工程而减少的洪灾损失作为效益。该工程效益难以直接定量分析，但是从间接角度，可以将该工程受益地区土地增值的收益作为防洪效益。工程范围内直接受益土地面积经匡算为1400亩。根据南汇新城地区现阶段的土地供求分析，结合上海市其他地区已建工程实际效果计算，工程建成后可使直接受益土地每亩价值提升60000元。

1.2.3 环境效益

该项目建成后，提高了河道输水能力，满足水安全要求，提升了水景观以及水质，居民生活有了更好的保障。经测算，该项目建成后，在环境保护方面每年可以为当地政府减少投资约250万元。

1.3 推广前景

该工程提出的水环境治理方法能够提升河道疏浚能力，提升水质和水景观，施工技术可适用于河道水质改善的工程，对类似的河道水生态工程有着很好的推广前景。

2 工程案例

2.1 工程概况

上海市东引河河道整治工程东起上海市浦东新区临港新片区综合区最东侧，北起大治河南侧堤，南至北护城河。

东引河河底宽60m，河底高程-1.0m，河口宽90m。陆域控制宽度两岸各 15m，沉淀区为加大沉淀效果及今后集中沉淀的需要，局部区域拓深至-2.5m。

河道全长 6.14km，其中包含的净化措施有生物栅、碳素纤维草、曝气增氧、漂浮湿地、水生植物、石墨烯光催化网、溢流堰等，布置情况如图 2 所示，设计日处理量为 30 万立方米/天。

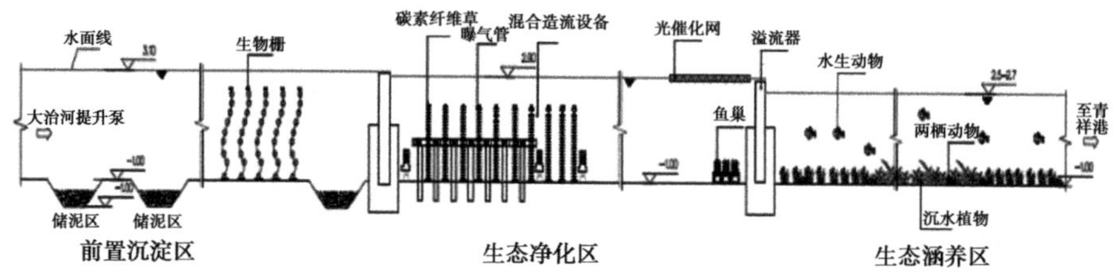

图 2　水生态布置示意图

2.2　工程主要内容

该工程包括河道土方开挖、河道土方回填、水泥土回填、新建护岸、新建防汛通道、新建骑行道、新建生态草沟、拆除老护坡（含废料处置）、新建溢流堰二座（含电气及金结设备安装）、新建沿河景观（含配套工程）、新建水生态（含水质净化）工程及新建绿化工程等，其中水质净化工程包括水生植物、水质净化措施、溢流堰工程三部分。

水质净化分为三个净化单元，分别为前置沉淀区（2.02km）、生态净化区（3.72km）、生态涵养区（0.4km）。

前置沉淀区包含两个分段，前段主要是通过自然沉降，去除掉大颗粒的泥沙，后端为吸附区，主要是通过布置生物栅，吸附水中的悬浮物以及为微生物提供附着点，增大微生物含量，间接减少水中的污染物，提升水质（见图 3）。

图 3　沉淀区生物格栅的布置

生态净化区进一步改善水质，提高净化效果，控制藻类滋生，分为两个区，前段为强化净化区，设置碳素纤维草和曝气装置（见图 4），后段为生态净化区，种植水生植物（见图 5），包括挺水植物和沉水植物；主要去除 COD（化学需氧量）和氨氮，同时布置光催化网，提高净化效率。

图 4　曝气管道的安装

图 5　水生植物的种植

生态涵养区能够涵养水源，稳定水质，恢复以沉水植物为主的本土水生态系统，提高总磷的去除效果；同时运用生物操纵技术抑制藻类。可增加生境多样性，提高生物多样性。

此外，东引河还设置有人工漂浮湿地，一方面能够促进水质净化，另一方面为鸟类提供栖息地，并提升景观美化效果（见图6）。

图6　人工漂浮湿地

该工程为Ⅲ等工程。主要建筑物级别为3级，临时建筑物级别为5级。但因南汇四期为1级堤防，故东引河东侧护岸应按1级水工建筑物设计，西侧护岸按3级水工建筑物设计。除涝标准为20年一遇，最大24小时面雨量24小时排出不受涝（川杨河以南为201.1mm）。

该场地抗震设防烈度为7度，设计基本地震加速度为0.1g，场地类别为Ⅳ类，主要建筑物设计除涝标准为50年一遇。

该工程开工时间为2020年12月26日，竣工时间为2022年5月30日。

2.3　工程特点、重点、难点

2.3.1 工程特点

（1）功能定位性强、专业特点鲜明

该项目除通过新建护岸、沿河两岸种植绿化和点缀景观节点等方式构建生态水岸线，还采取设置河底沉淀池、布设相关水生态设施（生物栅、碳素纤维草、微孔曝气和光催化网）等手段，沿引水方向有针对性地净化来水的各项污染因子，将东引河形成前置沉淀、生态净化和生态涵养三大区域，打造临港新片区第一条引清廊道，提升临港主城区和滴水湖水质。

（2）作业战线长、外部协调面广

该工程全长6.14km，作业战线长，且毗邻基本农田、海塘大堤。根据临时工程建设（项目驻地、河道土方排泥场、临时便道场外接入）、主体工程施工（沿河两岸整治改造）、涉河横向既有设施拆除收尾等各阶段工作需要，需不同程度上得到临港新片区管委会所属行政执法机构和各事业单位（综合执法大队、规资处、土地储备中心、生态处）、地方投资企业（沧海桑田生态农业发展有限公司、港城开发集团有限公司）及浦东新区海塘管理署的相关许可和大力支持。外部协调面广、沟通机制多元化。

（3）水土保持要求高、施工期监测专业化

根据《水利部办公厅关于进一步加强生产建设项目水土保持监测工作的通知》（办水保〔2020〕161号）、《生产建设项目水土保持监测与评价标准》（GB/T 51240—2018）等文件要求，该工程需进行施工期水土保持监测。

建设单位聘请黄河勘测规划设计研究院采取航拍、实测土壤流失量等手段对工程临时占地和永久占地两大区域进行专业监测，并按季度形成监测报告，上报至临港新片区管委会生态处。

施工阶段高度重视水保要求，持续做好项目驻地、土方处置场地和陆域控制线内施工场区的排水、出土等工作，严格按照审批的方案施工，严守阵地，不另辟蹊径，因小失大，破坏周边植被，造成水土流失。

2.3.2 工程重难点

该工程河道土方疏浚约71万立方米，出土方式的选择和相应土方处置场所的选址、允用将直接影响总体施工组织安排。

该项目采用拦河围堰组织施工，由于既有东引河长期为临港综合片区水系，承担着防汛调蓄功能，因此如何保证2021年施工期平稳度汛是施工组织的关键。

水生态专业工程尚处于初步设计阶段，待2022年2月中试试验论证后方能开展该专业和水利安装工程施工，为确保合同工期内竣工，其余专业工程在2021年如何协调组织、无缝衔接至关重要。

该工程根据设计图纸采用拦河围堰断流干塘法施工，拦河围堰的安全及截流后沿线引流、排涝应作为工程重点。

该工程临海，野生鸟类较多，对在栽种的挺水植物以及漂浮湿地上的植物保护是难点。

参考文献

李杰，冯万新，李芳，2022. 试析城市河道水环境生态治理技术［J］. 皮革制作与环保科技，3（7）：101-103.

赵玉霞，2022. 河道水环境生态治理技术要点分析［J］. 皮革制作与环保科技，3（17）：78-80.

诸志杰，方沁舲，张赤洁，2021. 水生态修复技术在河道治理中的应用［J］. 化工管理（18）：70-71.

案例2　苏四期（真北路—蕰藻浜）建设工程

摘要：河道环境综合整治是推进河道两岸城市更新及用地转型、建设生态廊道、打通滨水通道、增加滨水空间、营造水陆景观、提升生态质量的重要环节。河道环境综合治理的整体目标，是以“市区联动、水岸联动、上下游联动、干支流联动、水安全水环境水生态联动”为原则，通过点源和面源污染综合治理、防汛设施提标改造、水资源优化调度，以及生态、景观、游览、慢行的多功能公共空间集成策划和建设等综合措施达到整体整治的目的。

关键词：生态治理，污染控制，可持续发展

1 上海市苏州河生态治理背景

苏州河环境综合整治四期工程（又称苏四期工程）贯彻“绿色、开放、共享”的整治理念，积极推进苏州河两岸城市更新及用地转型，建设生态廊道、打通滨水通道、增加滨水空间、营造水陆景观、提升生态质量，打造世界级滨水区。为了确保该工程整体目标的达成，以“市区联动、水岸联动、上下游联动、干支流联动、水安全水环境水生态联动”为原则，通过点源和面源污染综合治理、防汛设施提标改造、水资源优化调度，以及生态、景观、游览、慢行的多功能公共空间集成策划和建设等综合措施，共设立14个工程任务。

苏州河（真北路—蕰藻浜）堤防达标改造及底泥疏浚工程是14个工程任务之一，其中堤防达标工程作为两岸城市建设的安全屏障，借此契机可以消除全线（真北路—蕰藻浜）防汛墙的安全隐患，改变两岸防汛墙比较破旧的外观形象，筑牢城市的安全屏障。

苏州河环境综合整治四期工程的整治水质目标是到2020年，苏州河干流消除劣Ⅴ类水体，支流基本消除劣Ⅴ类水体，水功能区水质达标率不低于78%；到2021年，支流全面消除劣Ⅴ类水体。水质提升作为苏州河环境综合整治四期工程的重点之一，以污染控制为抓手，坚持“水岸联动、点面结合，标本兼治、综合施策”，实现区域污染全面治理。

为了保护和提升苏州河的生态环境，实现可持续发展，经过多年的努力，针对苏州河进行了生态治理设计、施工。本案例旨在总结设计优秀的生态治理理念及施工生态治理的成果和经验，并提出相关建议。

2 设计生态治理理念

2.1 总体布置原则

按照河道现状岸线进行布置，兼顾航务部门通航安全要求。防汛墙改造原则上尽可能结合相关各段沿苏州河景观方案设计和两岸绿化，形成景观亲水岸线；岸线总体平面布置线性自然顺直，转弯圆顺，满足防洪排涝的要求，尽可能不缩窄现有河道水面；岸线布置应尽量减少对周边环境的影响，减少动拆迁量，尽量利用原有结构保持现有岸线。防汛墙结构型式以安全为前提，注重景观及生态，节省投资。工程设计方案在施工、验收、管理上方便合理，具有可操作性。

2.2　景观总体布置设想

根据防汛墙建设临时借地范围为6m，墙后腹地景观不属于该工程的范围，因此防汛墙景观设计仅局限于对墙体进行景观处理。景观岸线布置必须满足防汛和底泥疏浚的要求，结构应满足稳定、安全要求，施工方便，经济合理，具有可操作性。新建墙体应结合场地条件，在满足水安全的前提下，满足水生态和水景观的要求，已建达标直立墙体墙面外观做适当处理，使其与周边环境相协调。结合苏四期工程河道整治总体景观布局原则和功能定位，根据已开展的景观廊道工程、贯通工程和各区有关部门进行对接，将工程自东向西共分为三大主题：城市记忆段（真北路—嘉闵高架）、亲水宜居段（嘉闵高架—G15 沈海高速）和郊野风光段，总体平面布置图见图1。

图1　总平面布置图

通过对苏州河历史沉淀的解析，汲取周边环境具有代表性的建筑符号和沿线特色文化要素，在防汛墙上表现出来，以墙为载体记录苏州河历史、文化演变的痕迹，从而体现苏州河伴随上海发展的风雨历程，保存城市发展记忆。滨水空间打造遵循“多彩、链接、无界和渗透”四大景观设计理念（见图2），真正做到亲水怡人。

图2　四大景观设计理念

人迹罕至的郊区岸段，应充分利用自然野趣的现状腹地资源，打造郊野风貌，强调人与自然的有机融合，采用自然、轻养护的结构设计。外观特色以苏州河上现状桥梁或支流作为分段边界，南北岸景观风格尽可能协调一致。

2.3　近远期结合设计

2.3.1 生态廊道典型断面

该工程岸段自东向西共分为三大主题：城市记忆段（真北路—嘉闵高架）、亲水宜居段（嘉闵高架—G15沈海高速）和郊野风光段，三大主题的景观设计理念、设计目标和设计方案不尽相同，主要是根据场地条件，通过不同景观元素进行表现，但是三大主题的典型防汛墙结构断面基本相同，最为典型的断面为二级挡墙断面。

2.3.2 近远期结合设计

根据该工程的建设用地政策，将不进行征地，仅通过临时借地来完成防汛墙达标改造建设任务，无腹地条件同步开展生态景观建设，主要任务是进行防汛墙达标改造建设，为后期苏州河生态廊道及景观提升建设奠定基础。

为了匹配生态廊道工程，同时营造良好的滨河空间，提出三大景观主题：城市记忆段（真北路—嘉闵高架）、亲水宜居段（嘉闵高架—G15 沈海高速）和郊野风光段（G15 沈海高速—蕰藻浜），三大景观主题与各区生态廊道的对接情况如表 1 所示。

表 1　各区对接情况汇总表

区段	分段特色	风貌现状	限制因素	工作开展情况
长宁	城市记忆段	两岸城市建设完善，周边以居住及商办公建为主，人流量较大。	堤内空间有限。	市区贯通工程正在筹划开展。
普陀	城市记忆段	两岸城市建设完善，周边以居住及商办公建为主，人流量较大。	堤内空间有限。	市区贯通工程正在筹划开展。
闵行	城市记忆段	两岸城市建设完善，沿线部分岸线工业厂房密集。	堤内空间有限，沿线规划用地控制。	两侧部分区段已有良好的涵养林 。一期生态廊道工程已在建设，二期生态廊道工程已有方案，总体方案以集体用地下的防护绿林加设景观步道。
嘉定	郊野风光段 生态宜居段 城市记忆段	沿线有部分的居住用地，沿线部分建有别墅及高尔夫球场，生态环境良好。	高端居住区考虑一定的私密性，沿线规划用地控制。	江桥段完成作业设计，安亭段完成工可编制，以造林为主。

续 表

区段	分段特色	风貌现状	限制因素	工作开展情况
青浦	郊野风光段	生态良好，河道宽阔，水质清澈，两侧田园较多呈现郊野风貌。	沿线基本农田较多，沿线有工厂用地需要置换，区位离集建区较远，建设投入程度需斟酌。	受限于吴淞江行洪工程建设影响，现阶段无法实施，正在对土地进行排摸。计划在苏州河河道整治蓝线范围确定后划定50米绿线建设生态廊道项目，范围内以造林为主，2020年“十三五”末完成该任务 。

受限于各区生态廊道工程方案的确定和实施滞后于苏四期工程堤防达标改造工程，无法将堤防的二级挡墙一次性实施到位，故考虑远期过渡的处理，二级挡墙共设计如下两种设计方案。

(1) 预制箱型砌体方案

二级挡墙采用可装配式结构，可采用石笼挡墙和预制砼砌块。石笼挡墙施工方便，可水下施工，网笼结构利于生物栖息，生态性好，但受限于石笼的施工质量参差不齐，导致实际效果差异较大，不建议使用。预制砼砌块挡墙又包括舒布洛克挡墙、荣勋挡墙和预制砼箱型砌块挡墙，其中舒布洛克挡墙和荣勋挡墙由于需要布置一定长度的土工格栅来增加结构的抗滑力，需要较大的开挖面，从施工难易程度和建设条件两方面看，不太合适。因此，该工程二级挡墙采用可装配式预制砼砌块结构，可以靠自重保持墙体稳定，不需要设置土工格栅拉筋，同时保持护岸自身的生态性和景观性（见图3）。

图 3　预制箱型砌体实际应用照片

该工程郊野风光及亲水宜居段二级挡墙采用预制箱型砌体结构。近期生态框按照河道蓝线布置，不侵占水域和陆域空间，远期待具备实施条件再结合景观要求进行布置，弱化挡墙的概念和水陆的分界线，提升整体景观效果。

（2）预制装配式二级挡墙方案

该工程城市记忆段及亲水宜居段采用二级挡墙结构。受用地条件限制，二级挡墙近期先布置在规划河口线位置，实现近期防汛墙的简单、快速、绿色施工，待后期沿线生态景观提升改造时，将原先预制装配式二级挡墙整体吊装至墙后腹地范围，实现二级挡墙的重复利用，减少废弃工程（见图 4、图 5）。

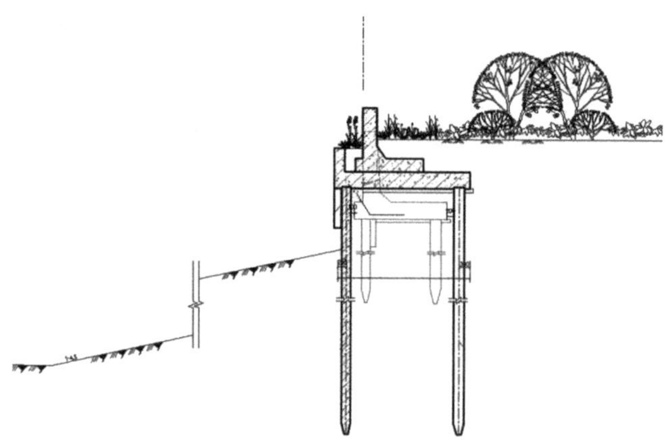

图 4　近期防汛墙改造断面

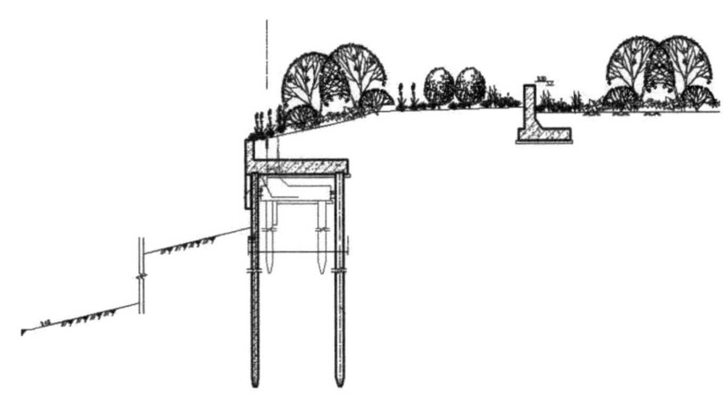

图5　远期防汛墙改造断面

挡墙采取整体预制，标准分节长度为2.5m，便于运输和吊装。该工程共设计装配式挡墙方案，挡墙端头设置凹凸榫连接，凹槽内设止水橡胶条，与一侧相对凹凸槽连接，挡墙墙体内设3道预应力张拉孔，将6节标准段预制挡墙就位排列整齐后，采用张拉预应力索固定，形成一节15m长的标准段二级防汛墙。15m标准段二级防汛墙之间设20mm伸缩缝，缝中部预留凹槽，采取灌沥青处理，缝间设置泡沫聚氯乙烯填缝板，表面采用双组分聚氨酯密封胶嵌缝。

两种近远期过渡的方案均能很好地避免后期的废弃工程，预制箱型砌块方案生态环保，但墙后具备一定的场地条件；预制装配式二级挡墙方案虽不及预制箱型砌块生态美观，但避免了场地条件的限制。因此两种方案均予以采用，预制箱型砌块方案主要应用于墙后空地、林地、农地等区域，预制装配式二级挡墙方案主要应用于场地条件受限的区域。

2.3.3 防汛墙断面景观设计

(1) 墙身美化设计

设计永久性水工建筑物——防汛墙结构，耐久性是其结构必须满足的功能之一。该工程考虑比较流行的造型混凝土进行防汛墙装饰，达到墙身美化的目的，相较于外贴装饰材料，其费用较低，同时结构更为可靠，也不会遮挡防汛墙墙身，有利于及时发现防汛墙自身的安全隐患。

考虑到苏州河河道较宽（河道平均宽度在64m左右），墙身装饰主要是给对岸呈现较好的景观风貌，故该工程苏州河造型模板主要选取纹路较深、相对粗犷的样式，具体的选型样式可结合墙后景观效果和远期规划确定。

（2）墙前生态区

该工程岸段蜿蜒曲折，线条柔美，结合总体景观设计要求，在一些河口较宽处（>60m），特别是河道弯曲的凸岸，布置墙前生态区，在原有的滩地上，采用“袋装土+植生袋+外包雷诺护垫”的结构垫高墙前滩地至2m标高，形成2.5m宽的生态区平台，种植水生植物，平台与现状泥面用1∶2.5的雷诺护垫坡面接顺。经总体布置，沿线墙前生态区岸段的岸线全长约5km。

3 绿色施工及创新技术

3.1 方案优化

3.1.1 支模体系

该工程一级防汛墙为现浇一级挡墙，其中外侧30cm为悬挑式结构。一级挡墙水上模板支撑体系，采用双排槽钢作为支架立柱，焊接钢牛腿，横向双扣件扣住钢管，有效防止沉降。槽钢及钢管可重复使用，操作简易，机具配套，施工周期短，能够节约一定的劳力及材料损耗。

通过反复验算及现场实践，对施工方案进行优化：一是缩短了近模板侧槽钢的长度，使其和外侧槽钢保持相同的深度，减少了周转材料的用量；二是优化模板加固方式，去掉了中间一道对拉螺杆，提高了混凝土外观质量。

3.1.2 钢筋套管

该工程钻孔灌注桩浮桩长度1m以上，底板施工时需将其凿除。共涉及7949根灌注桩施工，灌注桩桩头凿除将大大增加劳力且传统工艺空压机破除过程粉尘污染严重。因此，项目在原有施工方案的基础上，增加塑料管用以套住桩头钢筋，浮桩凿除时，既加快了混凝土桩头的破除速度，又保证了浮桩钢筋不因冲击而损伤。此举改善了作业环境，节约了资源及成本，大大提高了施工质量和功效。

3.1.3 单排围堰

该工程防汛墙结构施工横跨整个汛期，为满足基坑开挖、挡墙浇筑干地作业的要求，必须搭设顺河围堰。传统围堰施工采用双排钢管桩或双排钢板桩中间填筑土方来有效止水，双排围堰最大侵占河道宽度约 8m（两岸均布置双排围堰），并且回填的土方可能对苏州河水质产生污染。因此，该工程在有条件的岸段采用单排钢板桩围堰代替“双排围堰”，单排围堰最大侵占河道宽度约 2m（两岸均布置双排围堰），锁扣架设密封条来有效止水，施工效率高。

该工程搭设单排钢板桩围堰共计约 3600m，极大地缩短了施工工期，节约了资源，满足了绿色施工的要求。

3.2 “BIM+无人机”助推腾地

“BIM+无人机”技术是通过无人机拍摄，真实呈现调查范围内的实景，再结合 BIM 技术进行对象识别、数据转换和信息统计，清晰准确地呈现出地上物的类型和数量，还可进行阶段性对比，反映腾地进展，最大限度降低排摸成本、提高排摸效率和精准度，切实保障了腾地工作的高效展开。

该工程在具备航拍条件的施工区段，采用“BIM+无人机”技术开展区域内的地上物排摸工作，直观反映该施工区域各类地上物的分布、清除进度、腾地推进难点等信息，有助于腾地的协调以及施工方案的调整。

3.3 “实景模型+工程模型”

该工程将实景模型作为基础，采用精细化建模来构建工程模型，通过进度模、工艺展示、构件预拼、栏杆比选等应用点的开发，实现 BIM 技术对管理水平的提升。

3.4 创新技术引入

3.4.1 静压植桩机，提升钢板桩沉桩线形

该工程U形钢板桩约8000根，为提高U形钢板桩施工整体质量，减少传统桩机作业产生的巨大噪声，项目部积极引入进口静压植桩机。

施工过程无振动，噪声小、精度高且施工作业面小，在地下管线密集老化及对噪声较敏感的医院、学校等区域可以取得良好的施工效果；弥补了振动打桩法的不足，在城市管道施工及其他支护开挖工程中，在保证进度的前提下，把施工对城市环境的影响降到最低。

3.4.2 弹性造型模板，提升防汛墙外观美感

该工程一、二级防汛墙均采用造型砼饰面，采用造型模板进行造型砼施工，可实现“一次立模，一次浇筑，一次成型”，并且相较于外贴装饰材料，其费用更低，结构更加可靠，也不会遮挡结构本身，有利于及时发现堤防结构出现的安全隐患。

弹性造型模板经济性好，在妥善使用和维护的情况下，其复用次数可达到100次以上。该模板回收后还可重新加工再利用，大大减少了建筑垃圾的产生，绿色环保。

3.4.3 全产业链优势，自建装配式防汛墙生产线

该工程Z形护岸为预制装配式结构，可提高施工效率，节省工期。并且，该结构易拆易装，可结合远期生态廊道建设重复利用，设计富有弹性，为远期滨水景观效果留足空间，减少废弃工程，绿色环保。

项目部凭借上海建工集团全产业链优势，依托自有预制构件生产厂家，联合造型模板供应商，共同研究、设计出装配式防汛墙的全套生产工艺，有效保证预制构件质量，保证了生态护岸安装后的景观效果。

3.4.4 新型泥浆干化技术，解决大方量泥浆处理问题

该工程桩基存在钻孔灌注桩密布岸段，多桩体同时成孔时将产生大量泥浆，施工时在相关岸段引进一套采用新技术的车载重式程控自动压滤

机。该设备能保证泥浆脱水处理后泥饼含水率控制在40%以下，且日产量在600m^3左右，满足钻孔灌注桩密布段多桩机施工的泥浆处理需要。目前，已累计处理泥浆约2万m^3，土方回收约6500m^3。

4 施工生态治理成果

4.1 提高区域防洪排水（涝）标准

该项目至2020年11月三个标段全部完建，2021年号称全球风王的“灿都”是苏四期工程面临的第一次考验，此次台风爆发力强、降雨量多、持续时间长，苏州河水位由3.0m升到4.0m左右，且伴有浪花拍打两岸。台风登陆后，苏州河堤防及岸上附属设施，丝毫未损，有效地抵御了风暴潮侵袭，对保障周围居民点的生命和财产安全发挥了积极作用，接受住了一次严峻的考验。

苏州河（真北路—蕰藻浜）堤防达标改造工程，是一项“百年工程”，工程涉及的防汛墙全部对标“百年一遇”的标准改造，从4.5~4.8米“长高”到5.2米，大幅提升苏州河的防洪排涝能力。

4.2 提升社会经济效益

苏州河堤防达标改造工程的建成，不仅提高和改善苏州河及两岸的生态环境，提高市民生活质量；而且随着苏州河水质变清及生态功能的恢复，作为上海市规划中的景观水系中心环的重要河段，开发多种旅游项目，提高上海市的旅游竞争力和文化品位，且提高了周边土地的使用价值。

4.3 提升周边景观效果

在确保安全的前提下，改造后的防汛墙摆脱以往给人的刻板印象，变成与周边环境有机融合的一道风景。根据苏州河沿线不同风貌，堤防达标工程岸段自东向西共分为城市记忆段（真北路至嘉闵高架）、亲水宜居段（嘉闵高架至G15沈海高速）、郊野风光段等3种不同的风格。

在城市记忆段内，采用模具浇筑出具有不同花纹的防汛墙，既有模仿海浪的，也有模仿青石砖墙的，与周边城市建筑风格遥相呼应。同时，相比用瓷砖来美化外观的方式，一次浇筑出花纹，耐久性强，节省后期养护成本。

在郊野风光段内，采用会“呼吸”的预制箱形砌体，每一个砌体都有较强的透水透气性，内置石子和泥土，为野生植物提供了理想“家园”。这些临水而居的防汛设施会变成一幅巨型“绿画”，“隐藏”进周边的自然中。

土壤修复调研现状

土壤是农业生态系统的重要组成部分，是人类赖以生存发展的基础。近年来，社会经济不断发展、工农业及各类新兴产业迅猛增长，导致我国土壤污染现象愈演愈烈。为增强污染土壤治理成效，我国不断深入推动污染土壤治理工作，出台相关政策法规，提升对污染土壤修复治理工作重视程度，相关部门及工作人员加大对污染土壤的修复研究力度，并将研究成果充分融入污染土壤治理工作，以推进土壤环境治理工作高质高效开展。

目前，我国正面临着严重的土壤污染，造成污染的主要原因包括重金属污染、农药化肥的过度使用、工业污水的随意排放、生活与工业垃圾不经过任何处理直接填埋、放射性物质污染等，这些问题相互影响，使得我国的土地污染问题日益严重。

“十三五”期间，在土壤修复领域，国家出台了系列法律、法规及配套政策等。从 2016 年国务院印发《土壤污染防治行动计划》，到 2018 年中共中央、国务院发布《关于全面加强生态环境保护坚决打好污染防治攻坚战的意见》，再到 2019 年《中华人民共和国土壤污染防治法》正式实施，全国农用地和重点行业企业用地调查全面推进等，我国土壤修复行业得到了快速发展。

上海市以“加强预防和管控，持续保障土壤环境安全”为基本思路，先后印发《上海市土壤及地下水污染防治“十四五”规划》《上海市土壤污染防治综合监管平台管理办法》《上海市建设用地土壤污染责任人认定实施办法》《上海市建设用地土壤污染风险管控和修复相关活动弄虚作假行为调查处理办法》等文件，更新4批次《上海市建设用地土壤污染风险管控和修复名录》。核算年度重点建设用地安全利用情况，推动再开发利用污染地块土壤污染防治联动监管。开展土壤污染防治先行区建设，试运行“上海市土壤污染防治综合监管平台”。推进2项土壤污染源头管控重大工程建设，开展重点监管单位隐患排查“回头看”，探索“环境修复+开发建设”新模式。按国家要求，完成危险废物填埋场、生活垃圾填埋场地下水污染状况调查评估年度工作。启动新一轮典型行业企业用地详查。

污染地块的修复策略通常需要根据污染地块的污染情况与性质进行确定，污染类型通常包括有机污染及重金属污染，有机污染又可分为挥发性有机污染、半挥发性有机污染及总石油烃污染。污染介质分为土壤及地下水。污染土壤的修复方式通常包括原位修复方式及异位修复方式，针对有机污染土壤可采用的异位修复技术通常有常温热解析技术、化学氧化技术、热脱附技术等，针对重金属污染土壤可采用的异位修复技术通常有固化稳定化技术、淋洗技术等，针对多类型污染土壤需根据实际情况采用多种技术联合进行的方式。污染地下水的修复方式通常有抽提技术、多相抽提技术、原位化学氧化及原位热脱附技术等，若采用抽提技术，抽出地下水及废气需经过地面处理站进行处理，合格后方可排放或原地利用。

案例1　复杂工业污染地块修复技术

摘要：城市化进程的加速与经济的高速发展已对城市污染土壤的修复提出了更高的要求，传统高耗能、高污染企业的搬迁遗留下大量重污染工业污染地块。污染类型复杂、污染程度高、污染深度深、修复工期紧张等是工业污染地块的典型特点。结合项目的施工条件、污染类型、污染程度、污染深度、工期要求、成本控制要求等因素确定合理的修复技术，并针对地块做出特异性的施工调整是如今工业污染地块修复的重难点。合理的污染土壤分类、适宜的修复技术选择及针对性施工调整将成为上述重难点的应对方式。

关键词：工业污染地块，土壤修复，合理应对

1　复杂工业污染地块修复技术介绍

城市化进程的推进带来大量工业区搬迁，包含大量传统高能耗、高污染工业生产企业，由于生产工业和环保设施相对落后，对地块中的土壤和地下水具有明显的潜在污染。遗留的工业地块通常具有土壤和地下水污染深度深、污染范围大、污染物浓度高等特点，城市规划及建设要求修复施工速度快、效果好、修复彻底，给修复施工带来了极大的挑战。

1.1　修复方案确定的基本原则

(1) 科学性原则

采用科学的方法，综合考虑污染场地修复目标、土壤及地下水修复技术的处理效果、修复时间、修复成本、修复工程的环境影响等因素，制定修复方案。

(2) 可行性原则

制定的污染场地土壤修复方案要合理可行，要在前期工作的基础上，针对污染场地的污染性质、程度、范围以及对人体健康或生态环境造成的危害，合理选择土壤修复技术，因地制宜制定修复方案，使修复目标可达，修复工程切实可行。

(3) 安全性原则

制定污染场地土壤修复方案要确保污染场地修复工程实施安全，防止

对施工人员、周边人群健康以及生态环境产生危害和二次污染。

1.2 修复方案确定的工作流程

对于复杂的工业污染地块，制定合适的修复方案是修复施工成功的前提，所制定的修复方案应综合考虑项目的施工条件（包括地理位置、周边交通、区域政策等）、污染类型、污染程度、污染深度、工期要求、成本控制要求等，同时分析所选施工技术可能带来的安全风险、社会效用、环境影响等，在确保修复效果的前提下，选用快捷、绿色、风险低的技术（见图1）。

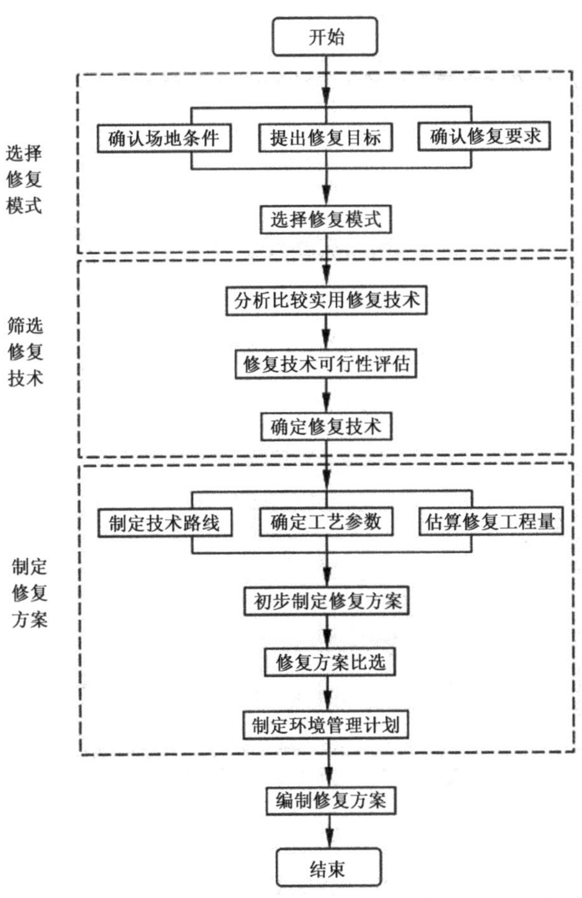

图1 污染场地土壤修复方案确定流程

1.3 主要修复技术

1.3.1 常温热解析技术

常温热解析技术是常用的处理有机物污染土壤的技术，通常是在车间或修复大棚中将土壤堆成条垛状，加入强化修复药剂，利用机械对土壤进行翻抛。在翻抛过程中，土壤中的挥发性有机污染物类，如苯、萘、氯代烃等物质转移到气相，再通过活性炭吸附，达标后排放。该技术操作简便，成本较为低廉，适用于低浓度挥发性污染土壤修复治理，对高浓度污染土壤的修复效果不佳。此外，在对包含挥发性有机物的土壤进行清挖及翻抛过程中，需采取严格的二次污染防控措施，如建造密闭的负压开挖大棚或修复大棚。

1.3.2 高级氧化技术

高级氧化技术是指向污染土壤中添加氧化剂化学品，以促进顽固、有毒化合物分解或转化为毒性较小或可生物降解的中间体，最终生成二氧化碳和水，是一种快速而有效的有机污染物降解方法，具有修复效率高、时间短、成本较低、对污染物类型和浓度不敏感等优点。分为异位化学氧化技术（见图2）和原位化学氧化技术。该技术目前常用的氧化剂主要有高锰酸钾（$KMnO_4$）、Fenton 试剂（H_2O_2/Fe^{2+}）、过硫酸盐（S_2O_8）和臭氧（O_3）等。

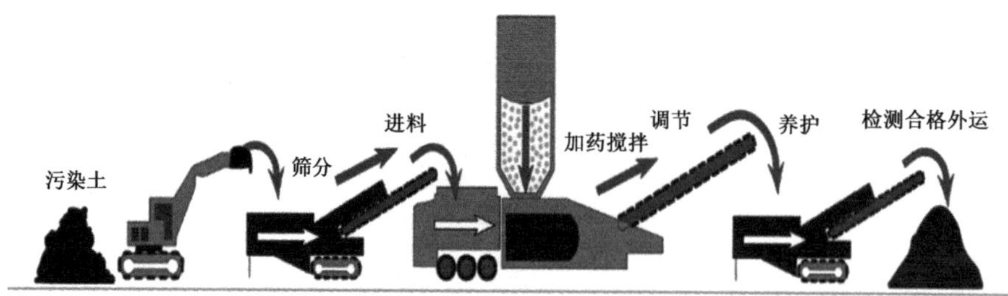

图2　异位化学氧化工艺流程示意图

1.3.3 热脱附技术

热脱附技术又称热解析技术，是指通过直接或间接热交换，将污染介质及其所含的污染物加热到足够的温度，直接加热使污染物挥发或分解，间接加热使污染物挥发。挥发出的气体通过除尘、冷却、喷淋、吸附等工艺处理合格后排放。一般针对高浓度土壤污染，能耗较高，成本较高。热脱附技术加热的方式有多种，可选择高频电流、过热空气和燃烧气等。按照土壤是否开挖，热脱附又可分为原位热脱附和异位热脱附。

该技术的优势在于可根据污染物的不同特点调节加热温度和停留时间，适用于多种有机污染物复合污染土壤，对各种挥发性/半挥发性有机物去除率可达99%以上，对化学技术难以处理的石油烃、多环芳烃和挥发性重金属等也有较好的处理效果。

1.3.4 生物修复技术

生物修复技术通常包括植物修复技术、微生物修复技术及植物-微生物联合修复技术。植物修复技术是指根据植物可耐受或超积累某些特定化合物的特性去降解、固定、挥发、提取土壤中的有机或无机污染物，达到土壤污染修复的目的。微生物修复主要是指利用土著微生物或具有高效降解能力的功能性微生物，在适宜条件下，通过自身的代谢作用，降低土壤中有害污染物活性或者将污染物降解成无害物质。可以通过施肥、浇水或通气等措施来调节土壤的水分、养分、含氧量等性能，从而提高土著微生物的降解能力。微生物修复的方式主要为降解，植物修复方式主要为富集固定。两种修复方式各有优势与局限，在技术互补的思路上，诞生了植物-微生物联合修复技术，根系作用是其中典型的联合技术，植物丰富的根系为土著微生物或外加微生物提供了良好的修复环境，促进微生物的降解作用，同时微生物对污染物的分解为植物的生长提供各类营养源，促进植物的生长和吸附等作用。

1.3.5 多相抽提技术

多相抽提技术（MPE）是通过真空提取手段，抽取地下污染区域的土壤气体、地下水和浮油层到地面进行相分离及处理，以控制和修复土壤与地下水中的有机污染物。MPE 技术是一种原位修复技术，对地面环境的扰动小，尤其适用于存在非水相液态物质（NAPL）情形的污染土壤修复。MPE 是气相抽提（SVE）的升级，是一种综合 SVE 和地下水抽提的技术，它能够同时修复地下水、包气带及含水层土壤中的污染物。

2 工程案例

2.1 工程概况

桃浦智创城核心区 603 地块（染化八厂）污染治理项目位于上海市普陀区永登路 1 号，四至边界为东至祁连山路、西至景泰路、北至武威路、南至永登路，红线范围约 90015m^2。根据现有的控详规划，地块中心区域规划为公共绿地，面积约 8110m^2，属 GB 36600—2018 第一类用地，周边回字形规划为商业服务业用地，面积约 62726.5m^2，属 GB 36600—2018 第二类用地。剩余区域为规划道路用地。

根据前期场调和风评结论，该项目土壤污染修复方量 209964m^3，污染深度 0~12m。土壤中超风险可接受水平的关注污染物包括重金属、挥发性有机物、半挥发性有机物三大类，共 22 种。

该项目地下水污染修复方量 130325m^3，污染深度 1~14m。地下水中超风险可接受水平的关注污染物包括重金属、挥发性有机物、半挥发性有机物、总石油烃四大类，共 34 种。

2.2 技术路线

该项目污染土壤整体上采用异位修复的方式进行，2m 以上的污染土壤采取直接开挖的方式，2m 以下的污染土壤开挖前根据设计要求进行基坑围护施工。开挖后土壤转运至异位修复场地进行修复。对局部无法开挖区域，根据污染类型采用原位化学氧化工艺进行修复。

含土壤与地下水污染复合区域，首先采用多相抽提技术同时处理污染土壤和地下水，最大限度地降低挥发性有机污染土壤异味和地下水浓度，然后再对污染土壤进行挖掘清理并异位修复。修复过程抽提的污染地下水应纳入地下水处理系统集中处理，抽出的土壤气体应经处理后达标排放，污染土壤修复达标后可作为清洁土使用。

含重金属污染土壤采用土壤淋洗修复，低浓度单一 VOCs 污染土壤优先采用异位气相抽提修复，中等浓度有机污染土壤优先采用异位高级氧化修复，高浓度有机污染土壤优先采用异位热脱附修复。对紧挨地块红线、无法开挖的局部区域采用原位化学氧化技术强化修复。土壤修复合格后运回该项目 603 地块回填或者外运。

污染地下水采用多相抽提处理并辅以原位修复的模式开展修复治理。在开展修复前，在地下水修复范围边界外侧设置隔离屏障，切断污染地下水与周边地下水的连通，并削弱地下水抽提过程中的地质沉降影响。抽提后，经气液分离，废水经地面废水处理站处理达标后纳管排放，废气经废气处理装置处理后达标排放。

2.3 工程难点及应对措施

2.3.1 污染类型多样

该地块土壤中包含多种类型污染物，大量污染土壤中同时包含多种类型污染物，施工前因选择合适的修复技术，施工过程中因对各类施工参数进行严格控制。

该项目在技术方案编制前，根据土壤中污染类型进行全面的修复技术筛选，通过小试确定最合适的修复技术，划定相应的药剂投机比范围等施工参数。正式施工前，按照真实的施工过程进行中试，进一步细化各技术的施工参数，有机污染土壤根据污染类型采用异位常温热解析技术、异位高级氧化技术、异位热脱附技术及原位化学氧化技术，重金属污染土壤及重金属、有机物复合污染土采用异位淋洗技术。

2.3.2 土壤污染程度多样、污染物分布不均匀

该地块污染物的污染程度多样，高污染土壤超标倍数超过 2000 倍，低浓度污染土壤超标倍数低于 3 倍，且污染情况分布不均。

施工技术方案确定阶段，设定了污染浓度分类的基本思路，采取不同

浓度、不同污染类型的有机污染土壤进行小试及中试。针对不同污染类型及程度的污染土，选择效果有保障、施工便捷、速度较快、成本可控的技术。具体技术选择如表 1 所示。

表 1　不用污染程度土壤修复技术选择

污染土壤分类	修复技术选择
低浓度挥发性有机污染土	异位常温热解析
中浓度挥发性有机污染土	异位高级氧化
高浓度挥发性有机污染土	异位热脱附
低浓度半挥发性有机污染土	异位高级氧化
高浓度半挥发性有机污染土	异位热脱附

“污染浓度分类”的基本思路给施工带来了极大的挑战，意味着土方开挖过程中需要严格进行土壤污染浓度的分类，但该项目的污染物分布不均，无法根据前期数据进行理论分类，因此提出“现场快检+实验室精确检测”的应对方法。土壤开挖前采用现场快速检测仪器进行土壤浓度的初探，PID 检测仪用于确定有机物的大概污染程度，手持式 XRF 检测仪用于确定土壤中重金属污染的污染程度。污染土壤运输过程中，以土方转运车为基本单位（平均每车约 20 m^3 土壤），进一步通过现场快检确定污染浓度，并根据污染浓度转运至异位修复地块的不同区域。土壤转运至异位修复地块后，土壤修复施工前，按每 500～1000m^3 为一批次取样，送至现场设置的专业实验室，通过气相色谱及液相色谱进行精准检测。通过以上方式，施工过程对污染浓度做到了严格分类，确保修复效果的同时，避免资源浪费及过度修复。

2.3.3 地下水污染深度不均、污染程度不均

该项目地下水的污染深度分为 6m、8m 及 14m，其中 6m 及 8m 污染区域可采用真空泵抽提的形式达到多相抽提的效果。对于 14m 地下水污染区，真空泵扬程不足，优化抽提方式，自主研发压缩空气动力泵，采用压缩空气作为地下水的抽提动力，并避免了压缩空气的注入对地下废气抽提

的影响，克服了这一难题。

该项目地下水的污染分布同样极度不均匀，采用传统的持续大面积抽提方式不仅难以保证抽提效果，也带来了污染扩散的风险。施工过程中将多相抽提分为四个阶段，包括施工前污染初探阶段、整体快速抽提阶段、地下污染模型更新阶段及针对性抽提阶段，并以此反复进行。当发现多相抽提达到修复极限后仍无法达到修复目标时，对无法达标的污染区域增加原位化学氧化修复措施，强化修复效果。

2.3.4 土壤淋洗技术

土壤淋洗修复技术是通过向土壤中投加淋洗剂，充分搅拌均匀，经过一定时间的反应，使得土壤中的污染物转移至液体淋洗液中，通过离心、压滤等方式进行水土分离，使土壤中污染物随淋洗剂流出，然后对淋洗剂及土壤进行后续处理，从而实现污染土壤的修复（见图3）。针对有机污染土壤通常采用有机试剂淋洗、表面活性剂淋洗、环糊精淋洗等，通过淋洗液中的吸附或表活成本分离土壤中的有机物。针对重金属污染土壤通常采用酸碱调节剂、螯合剂等，通过调节土壤的 pH 及淋洗剂对重金属的螯合作用分离土壤中的重金属。

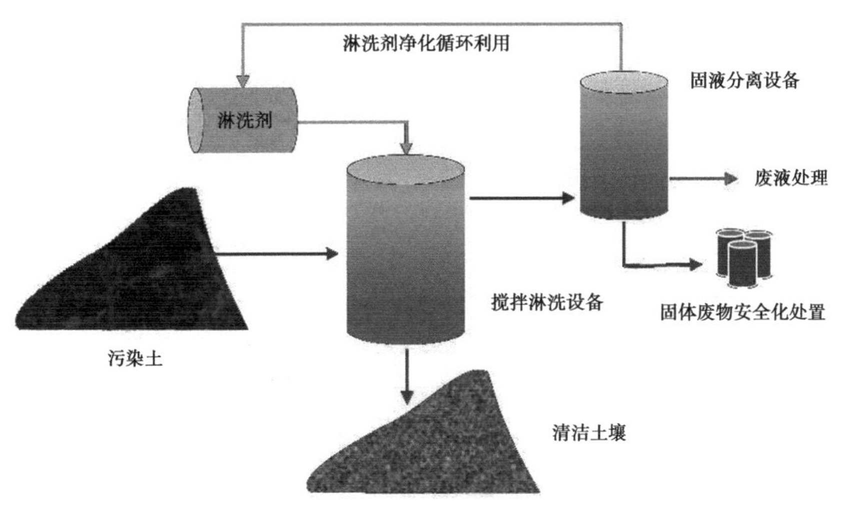

图3　典型异位土壤淋洗技术工艺流程

3 经济效益与社会效益

项目建设解决了上海市普陀区一大污染问题，保护了当地土壤和地下水，保障了周围人们的身体健康，有利于环境保护和生态平衡。项目建设符合“减量化、再利用、资源化”的循环经济原则，对地块污染土壤和地下水的污染治理工作为以后区域发展提供了良好的环境条件，有利于普陀区的健康发展。

项目建设能提高当地居民的生活水平和生活质量，有利于国内国际的文化和技术交流，增强普陀区的文化、教育和技术水准。环境质量的提高进一步促进上海市普陀区的招商引资，繁荣经济，促进区域经济发展。

第二篇

城市建设篇

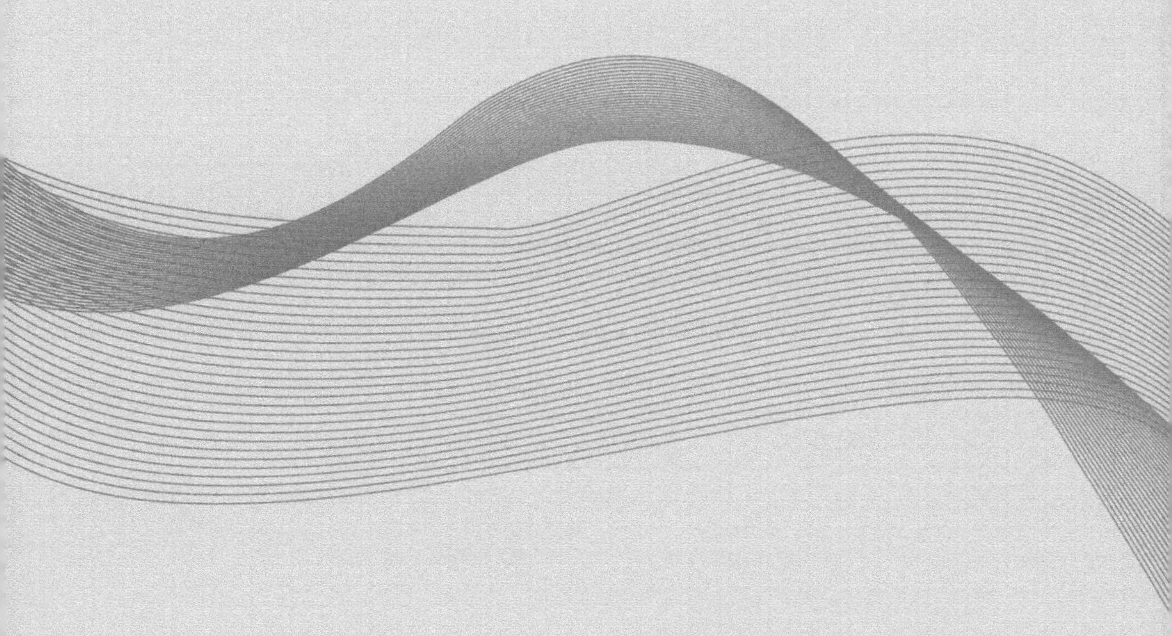

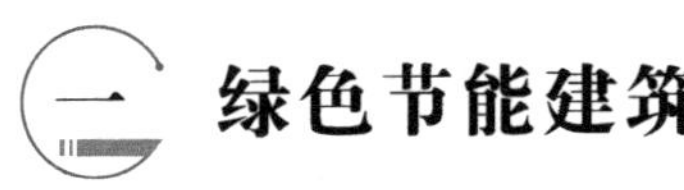

绿色节能建筑

案例 1　长三角一体化绿色科技示范楼项目

摘要：为对标国际先进的绿色建筑的各项性能指标，建设各方应从投资、规划、设计、建造、运维等多方位全面贯彻绿色理念，在各阶段通过绿色建材、绿色建造、绿色运营手段，以实现光、风、水、电、能、人全方位的绿色化。关注、提升建筑物使用者的感受，通过建造过程中全方位降低建筑资源消耗最终实现环境和使用者的双向友好。

关键词：碳中和，绿色建造，低碳运维

1　工程概况

1.1　工程概况

长三角一体化绿色科技示范楼项目建设地点为上海市普陀区真南路822弄与武威东路交会处西南侧。项目总建筑面积约 11782m^2，占地面积3422m^2，基坑面积 2969m^2，地上 5 层（含夹层）。采用桩基础，地下两层结构形式为框架结构，地上为钢结构。

工程为 1 栋地上 5 层（有夹层）、地下 2 层，总高度 23.7m 的绿色技术体验中心（见图 1）。用地面积 3422m^2，总建筑面积约 11782m^2（现阶段中标为地下两层部分）。

图 1　外立面图

1.2　基坑围护概况

该工程基坑总面积约 3422m²，总周长约 218m，基坑普遍开挖深度为 10.15m，基坑安全等级为二级，基坑周边环境保护等级为三级。基坑土方开挖量预计 35000m³。

1.3　周边环境

基坑东侧为地块围墙，围墙东侧为真南路，距基坑边线最近约 15.3m；真南路以东为三千里花苑小区，距基坑边线约 35.3m。东侧真南路距基坑边线 15m 位置下有一根给水管线，14.5m 处有架空电线，距基坑 19m 处有电信管线及非开挖移动管线。南侧、北侧基坑边线与用地红线最小间距为 2.2m；基坑除西南角距离基坑边线 23.3m 有 1 栋地上 2 层的待拆厂房外，其余各侧均为空地，且空地为该工程业主自有的绿化用地（见图 2）。

据项目管线协调会议交底，基坑西、南、北侧无管线分布或距离较远，对其无影响。基坑东侧真南路距基坑边线 15m 位置下有一根 DN300 给水管线，距基坑边线 15m 处有架空电线，电压等级 10kVA，安全操作距离 6m；距基坑 19m 处有电信管线（已计划改迁）及非开挖移动管线；距基坑约 30m 位置处分布有燃气管线。

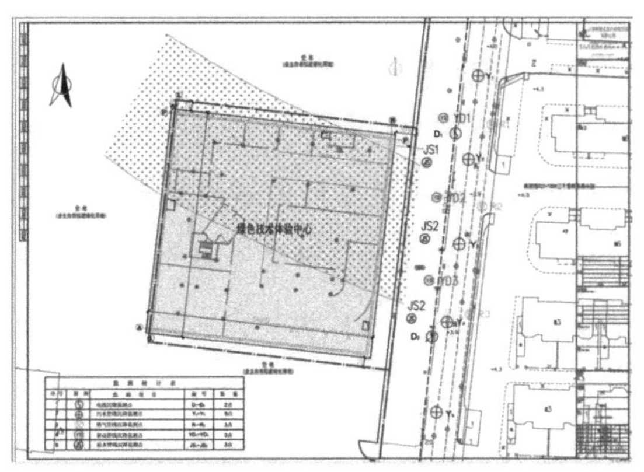

图 2　支撑平面图

2　关键技术

2.1　PC 工法组合钢管桩与拉森钢板结合的装配式基坑围护施工技术

项目场地北侧邻近武威东路；东侧与三千里花苑小区居民楼隔真南路相望；南侧有一既有旧厂房。基坑安全等级二级，基坑环境保护等级三级。

基坑采用 PC 工法组合钢管桩加竖向两道预力型钢组合支撑支护形式。该技术（见图 3）在项目成功应用，实现材料周转利用，避免围护建筑垃圾产生，节约了施工成本 30%，缩短总体工期 1/3，减少建筑垃圾 90%，绿色化施工程度提升 50%，促进了绿色低碳发展。完成 6 项发明专利，具有较强的推广用价值。

图 3　组合钢管桩与拉森钢板结合的装配式基坑围护

2.2 绿色幕墙系统关键施工技术

项目外立面由高效的预制光伏板与透明的太阳能薄膜技术融合而成，采用3层中空玻璃的被动式节能兼容的单元（见图4）。利用建筑外表进行光伏发电，并根据太阳辐射角为每个光伏玻璃定制专属倾斜度以提高发电效率。每一个单元形状和方向都是通过计算以最大限度地利用太阳能，最大限度地减少眩光，并将自然光引入建筑内部。同时，项目将大量的光伏板安装在与之相配套的李子公园内，在建筑物屋顶、停车场上方都设置了光伏发电板，基本可以满足园内3幢建筑的日常运营，余量还可以供给园内路灯、智慧合杆、智能化设施等其他设施的用电，实现了发电量和用电量的“自给自足”。同时将多余的发电量并入市政电网。

项目光伏总装机容量为492.63kW，首年发电量预估为480465千瓦·时，平均发电量约为43.4万千瓦·时，相当于年均减少二氧化碳排放量约182.5吨，节约标煤139.05吨。

图4　绿色幕墙系统

2.3 深基坑地源热泵关键施工技术

项目地源热泵设计时，考虑节约土地资源，设计地源井146口（其中地下室布置110口，地上基坑周边36口），将75%的地源热泵井于土方开挖阶段打设于基坑内，仅36口布置在基坑周围，节约用地约3000m^2。地源热泵系统具有高效、节能、环保、绿色等优点。黄家花园项目地源热泵系统用了地埋管地源热泵，地源热泵系统承担全部热负荷，由冷水机组、风冷热泵作为辅助冷源，以达到热平衡。据估算地源热泵系统节能量占空调系统能耗的百分比在35%～50%，约占建筑总能耗的25%，节能效果显著。

应用效果：该项目光伏板发电在满足自身需求的同时，余量用作干预地源热泵热交换，作为储能。

2.4 不出筋开槽型预制楼板关键施工技术

该工程地上2~5层楼面设计有98块不出筋开槽型预制楼板。该楼板为研究总院与清华大学联合研究课题，行业并无成熟规范；项目部针对此难题多次会同设计方、构件厂方研究讨论，并参与新技术论证。通过分析专家论证意见，参考同类工程施工经验，最终成功应用并总结新工艺施工技术。

效益分析：该工程用了新型预制混凝土叠合楼板，通过在间隔设置的凹槽内附加钢筋满足组合梁纵向抗剪的要求，同时新型预制板端部不出筋，便于工厂全自动流水线生产提高生产效率，施工现场无钢筋交错的问题，施工效率高约30%，大幅提升了主体结构施工效率。

2.5 废弃土壤再利用技术

由于建筑周边设计有大量绿植，故对土壤质量要求较高，基坑开挖后一部分预留土方用于日后室外总体回填，以减少土方外运与土地资源浪费。通过对预留土进行采样分析，对总体积300m^{3}重金属铅超标土体进行修复。综合考虑场地现状、开发计划、处置成本等客观因素，修复目标污染物为重金属铅，采用异位土壤淋洗技术对重金属污染土壤进行修复。

（1）环境效益

通过土壤修复工程的实施，将场地调查发现的污染土壤修复至场地风险控制值以下，从而避免了场地未来按照规划用途进行使用时发生人体健康风险，达到保护环境、保障人体健康的目的。

（2）经济效益

通过土壤修复工程的实施，能够在较短时间内完成场地内土壤污染的修复，场地环境质量满足该地块后续建设用地环境保护要求，进而满足国家和上海市有关法律法规及管理办法的要求，使得后续开发建设工作得到有效有序推进。

（3）社会效益

随着场地地块后续开发工作的推进，场地的开发使用与所在区域的规划与开发工作保持一致，场地内的土地资源得到充分利用，满足规划对场地与场地所在区域的社会功能要求，具有明显的社会效益。

2.6 全生命周期信息化绿色智能化管理平台技术

2.6.1 BIM 正向设计技术应用

该项目各专业均采用 BIM 正向设计，项目规划阶段根据项目设计任务书，不采用以往二维平面图的方式，直接进行三维模型设计，BIM 正向设计中将三维模型作为出发点和数据源完成从方案设计到施工图设计的全过程。

（1）土建结构部分

项目采用 Revit 软件进行三维模型正向设计，利用软件将设计思路转换为模型，由设计到施工，都由 BIM 正向完成，提高设计完成度以及信息的精细度（见图 5）。

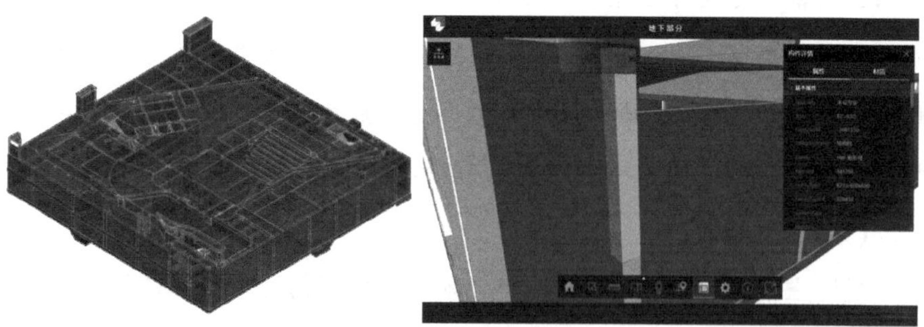

图 5　土建结构模型

(2) 钢结构

采用 Tekla 软件进行模型建造，同时对模型进行受力分析，确保项目结构可行性。幕墙模型采用 Rhino 3D 软件进行曲面建模，进而达到 BIM 正向设计完整流程（见图 6）。

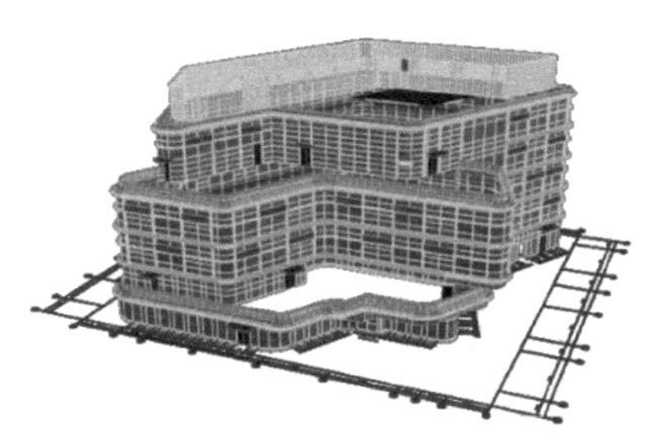

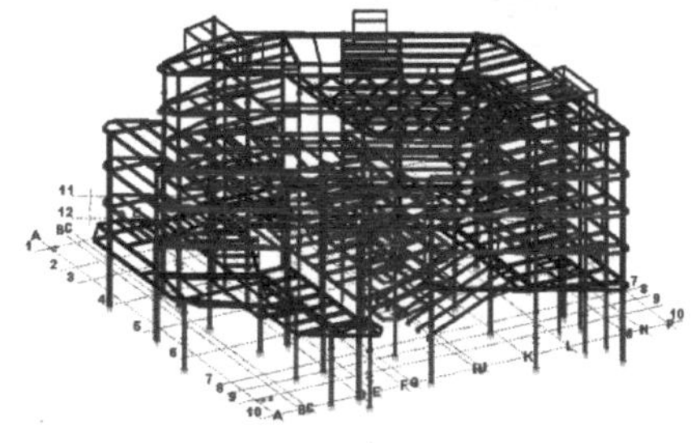

图 6　钢结构模型

(3) 机电安装

使用 Revit 软件进行管线模型建造，对模型进行碰撞检查、净高分析，达到 BIM 技术的充分利用（见图 7）。

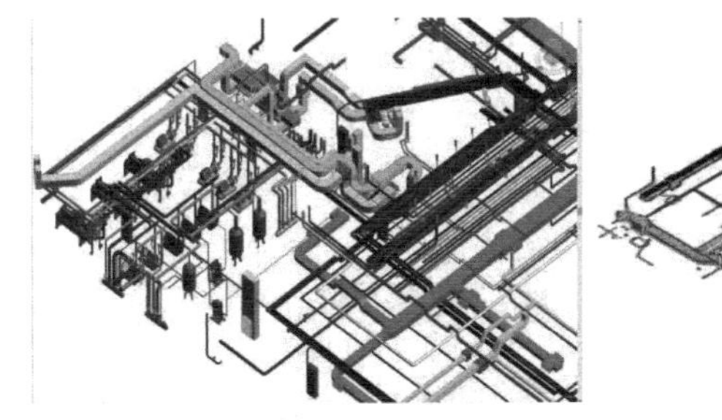

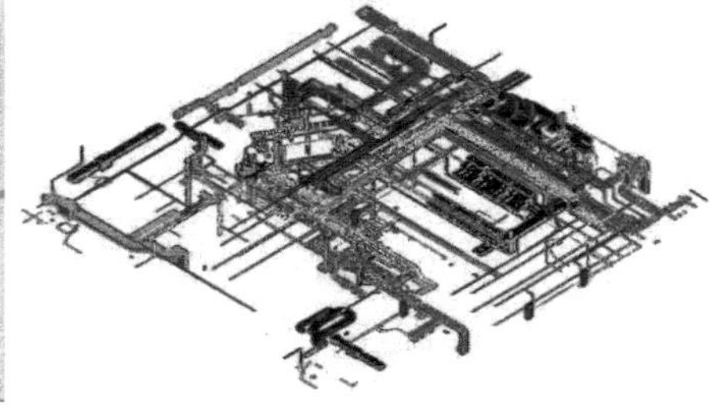

图 7　机电安装模型

(4) 装饰装修

使用 BIM 技术进行出图，相对传统立面图，可直接进行三维方向出图（见图 8）。使用 BIM 技术还可对装饰材料进行用量统计，对施工过程达到控制管理，达到材料使用率最大化。

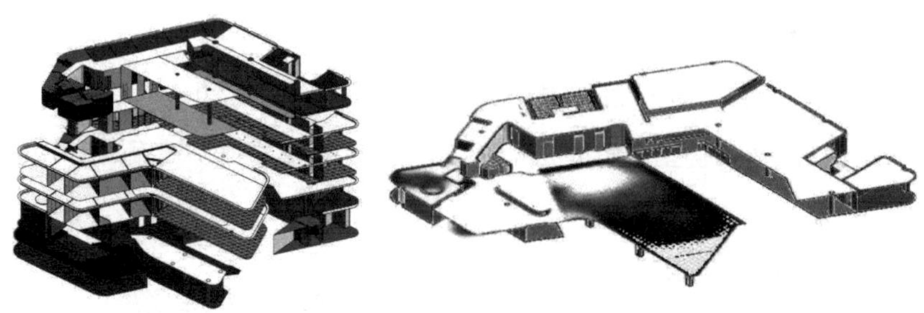

图 8　钢结构模型

2.6.2 场地布置

该项目位于上海市区，施工地区狭小，现场复杂多变。为了满足施工场地利用率最大化要求，技术中心搭建虚拟现场，进行模拟辅助建造，辅助进行场地规划设计，及时发现了场地布置中的问题，并在场地布置中进行车流模型建造，确保场地内交通通畅（见图 9）。

通过 BIM 的场地规划，让现场井井有条，为材料进场提供了便捷的条件；通过合理的优化，也为泵车和混凝土车快速浇筑提供了扎实的基础。

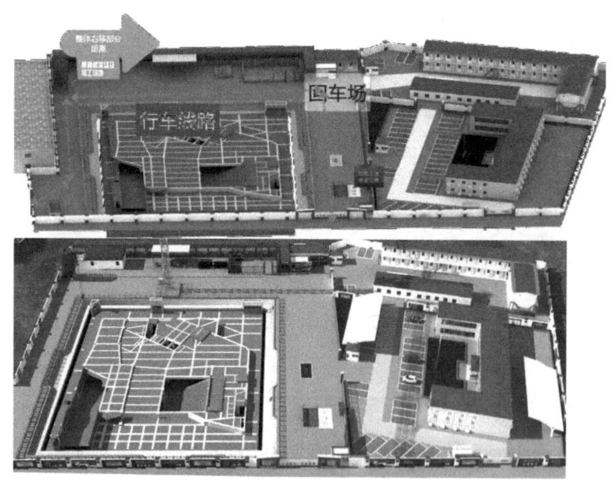

图 9　场地布置图

2.6.3 BIM 方案交底

传统施工技术交底编写复杂，内容烦琐冗余、效率低下，不便于施工人员直观了解施工方法及质量要求。可视化交底以三维模型和动画模型进行交底，将各个施工工艺的细节详细展现，提高施工人员效率（见图10）。利用BIM技术进行三维可视化施工交底，将施工交底转变为三维模型以及施工动画，生动形象地介绍了施工工艺中的施工步骤及质量要求等。让施工交底变得通俗易懂，提高施工效率。

图10 三维技术交底

2.6.4 BIM模型多维运用

(1)“BIM+VR”技术

该项目用了基于“BIM+VR”的场地漫游，1∶1还原真实现场，使人身临其境地感受到现场布置和施工场景，同时还能观看模板安装演示（见图11）；为项目前期场地决策、中期施工都提供了很大的帮助。

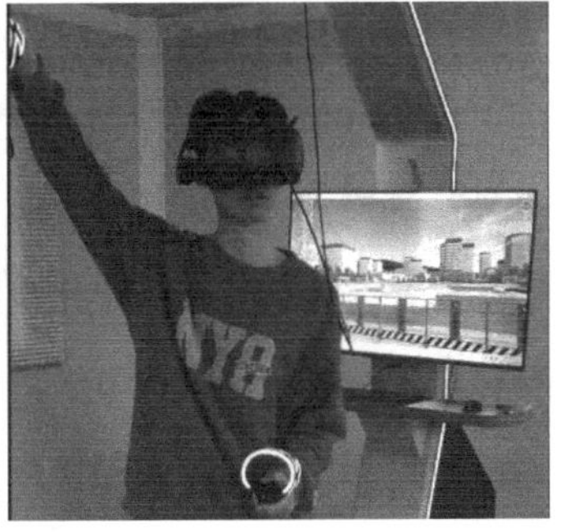

图11 “BIM+VR”的场地漫游

(2) 量化模型技术

将模型各个专业进行轻量化，使得模型在展示中格外便捷，随时随地都可查看（见图12）。同时，现场将轻量化模型分地块制作，打印成二维码贴在现场供施工人员扫码查看，让模型指导施工。

图12 轻量化模型

通过各专业模型在施工中进行各种运用，通过 VR、AR、轻量化等路径，真正做到了 BIM 指导施工、BIM 辅助施工、BIM 检查施工。

2.6.5 BIM 协同管理平台

搭建所有参建方 BIM 协同管理平台，实施项目设计、施工、运维等建设项目全生命期的 BIM 技术，实现对质量、安全、进度和成本等进行全方位高效、精细管理。

该平台融合了“BIM+物联网”技术。通过协同平台准确安排每一层钢构件的吊装进度及对应的供货计划；通过 RFID 芯片实施追踪和反馈构件状态信息；可辅助实现工业化建筑建造全过程的高效精准管理。

基于 BIM 数据库，在钢结构构件上粘贴二维码，做到钢结构构件“一物一码”绑定，管理人员可通过扫描二维码打开相应小程序，查询构件编号、位置、重量等信息并查看构件详图；也可通过该小程序进行构件到场、安装、焊接等施工进度的登记，云端数据库同步更新，并可视化反馈到 BIM 模型当中。

2.7 建筑与景观整体融合技术及绿化设计

该项目室外绿化景观分为首层室外区域、屋顶花园（L2 & M1 层露台）区域、小型农场（L5 & M4 层露台）区域、屋顶垂直绿化墙。其中首层室外区域面积约为 3422 平方米，屋顶花园（L2 & M1 层露台）区域面积约为 232.1 平方米，小型农场（L5 & M4 层露台）区域面积约为 397.4 平方米。

首层室外区域位于建筑首层外，选用树型较好的上木，结合规则式和自然式两种种植形式下木，体现不同的观赏性（见图 13）。

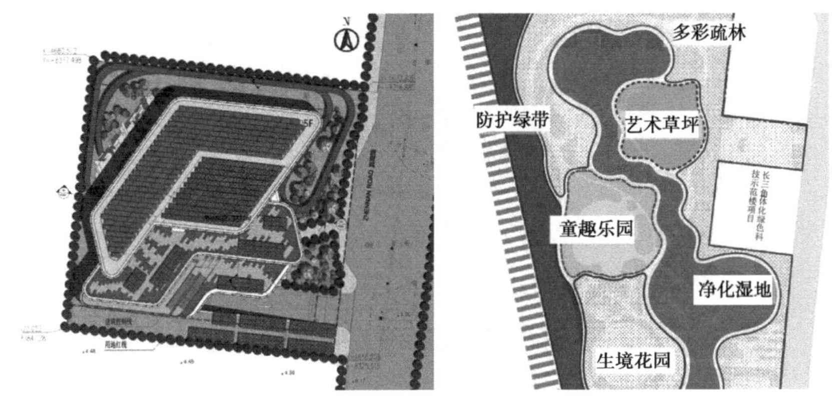

图 13　首层绿化总平面

屋顶花园位于建筑二层露台，主要是以常规灌木结合自然式花境为主，体现休闲惬意的休憩空间（见图 14）。同时，二层屋顶花园做到空间合理划分，使观赏和运动空间利用最大化，整体绿化采用花灌木、多年生宿根花卉和观赏草组合，有效减轻屋顶荷载，保证四季有景、色彩丰富。

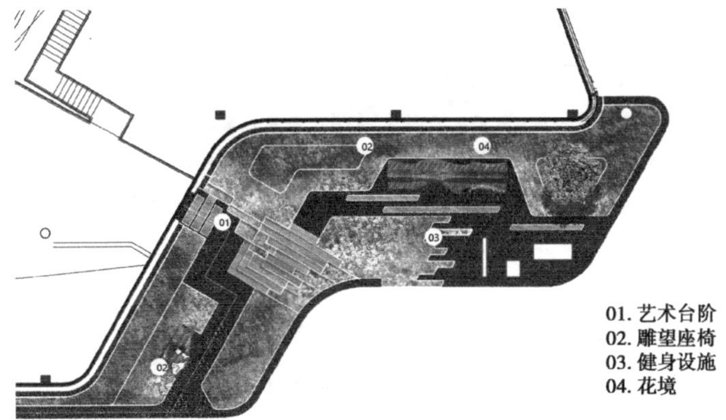

图 14　二层露台景观平面图

四层屋顶花园打造办公、洽谈、休憩空间与屋顶农场空间的有机结合，西侧有一个视野开阔的露台可以俯瞰公园和远处美景，东侧小型农场则为员工提供休闲、种植的机会，通过场地与自然产生共鸣，达到自给自足、更新与再生（见图15）。

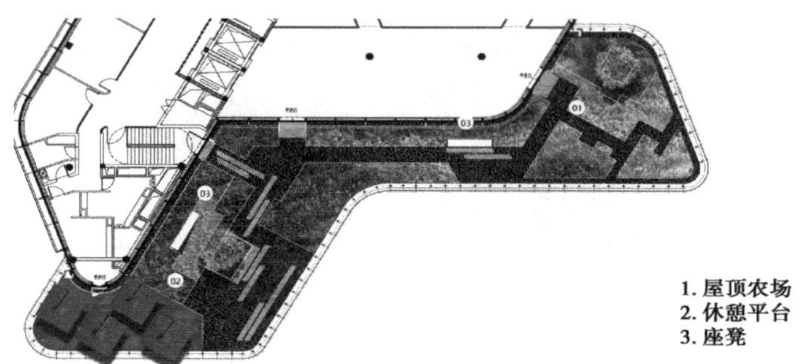

图15　四层露台景观平面图

屋顶垂直绿化墙选择易打理、生命力强、适应能力好的常绿植物，并在颜色配置上增加了红色和黄色植物，把植物墙变成一条彩虹般的彩带，远观更突出视觉效果（见图16）。

图16　屋顶垂直绿化

将绿色植物群落引入建筑中心，整体绿植呈点、线、面布局，视觉上形成一个连贯、一气呵成的生态空间（见图17）。花池的设置对室内的温、湿度有调节作用，并可充分利用中水灌溉。

图 17　中庭“绿肺”

除地源热泵系统外，屋顶、室外停车棚、层间安装的光伏板也辅助应用于项目整体的能源系统，助力建筑零能耗（见图 18）。预估首年发电量可达约 48 万千瓦·时。

图 18　室外光伏板

建筑内部同样应用中水回收系统，通过基坑北侧的雨水调蓄池，最大可收集约 100kL 雨水，通过中水处理系统处理后用于绿化灌溉、现场饮用、盥洗室冲洗和屋顶冷却塔等。

2.8　钢锭铣削型钢纤维混凝土

该项目对地下室外墙混凝土掺加钢锭铣削型钢纤维，有效减少裂缝产生，以确保地下室不渗漏和安全创优的管理目标要求（见图 19）。

图 19　地下室钢锭铣削型钢纤维混凝土外墙

2.9　清水混凝土

该项目地下室为钢筋混凝土框架结构，为减少装饰材料使用，体现绿色环保理念，同时减少因抹灰开裂、空鼓脱落等粗装修质量通病引起的维保费用，该项目在地下室墙面、顶面及汽车坡道大面采用清水混凝土（见图 20）。就目前应用效果而言，未产生常规质量通病，且具有混凝土结构特有的视觉美感。

图 20　地下室清水混凝土坡道

2.10　绿色化低碳运维技术

该项目除在施工阶段搭建所有参建方 BIM 协同管理平台外，同样在运维阶段基于绿建管理和数字化运维的要求开发智慧建筑运维平台，基于物联网，形成智慧运维平台，作为建筑管理的“大脑”，统一调配储能设施、智能电网、通风系统等，达到智能感知、智能预测及智能控制，通过大数据分析实现诊断、预警、工单自动推送等功能，实现科学运维，提升设备的运行能效（见图21、图22）。

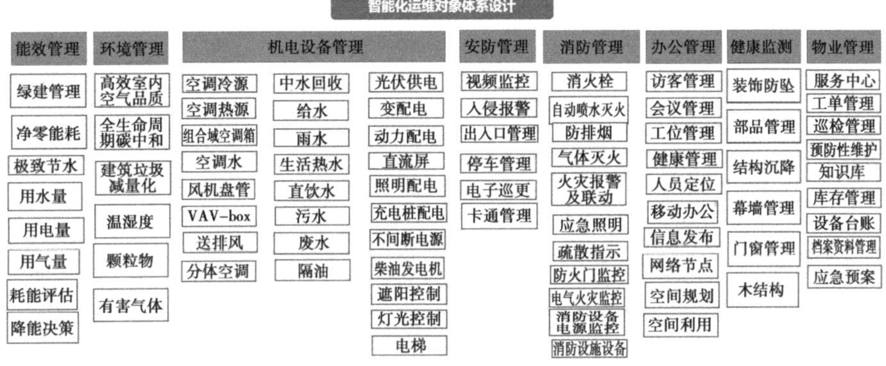

图21　智慧运维体系

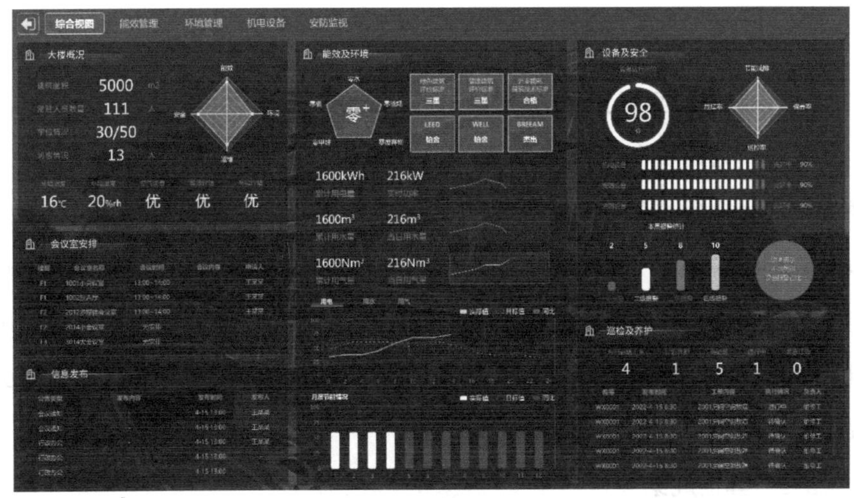

图22　智慧运维平台界面

针对用能运维，设置了能耗分项计量，对办公区域用电、公共空间照明插座、空调系统、动力系统（电梯、水泵）以及特殊用电（厨房、餐厅等）各部分能耗设置了分项计量，按空调尖峰负荷10%设置储能系统（见图23）。

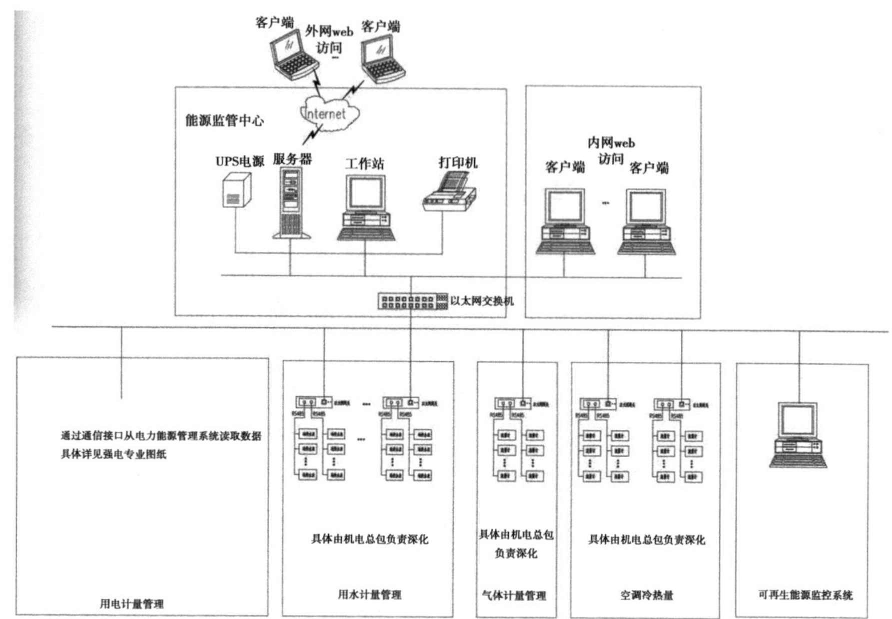

图 23　能源监管逻辑

3　综合效益

3.1　科研成果及人才培养

项目共完成专利 18 项，其中发明专利 14 项，实用新型专利 4 项；形成省级工法一项，参与编制完成《建筑工程施工碳排放计算与计量标准》(CECS 团体标准)，发表技术论文 5 篇，形成技术报告 1 份，完成“上海建工绿色建筑科技示范楼关键技术研究与应用”与“建筑工程建造过程碳排放核算研究”两项课题立项；获得计算机软件著作权；创立应用示范工程 1 项。

3.2　其他成果

2022 年 12 月成功举办中建协全国绿色施工观摩会；创上海市建设工程绿色施工Ⅰ类工程；通过上海市文明工地评审；已完成上海市优质结构预评审；已完成上海市金钢奖预评审；获中国建筑业协会“质量信得过班组”称号；过程开展 QC 质量管理活动，获上海市Ⅰ类成果公示、全国三等奖；获中国建筑业协会绿色建造竞赛活动二类成果；获得国际 BIM 大奖赛最佳 BIM 应用成就大奖；获得新基建杯全国 BIM 大赛一、二等奖；获得上海建筑施工行业 BIM 技术应用大赛一等奖。

二 城市公园篇

案例 1　世博文化公园双子山项目

摘要：为保证双子山项目山形结构特点的充分体现，根据山型布局，利用结构空腔形成绵延的山形特征，使建筑与山体环境高度融合，最大限度保持自然环境原貌。内部空间充分结合游览、停车、游客服务等功能，通过大规模采用 PEC 结构体系，将钢结构和混凝土结构的优点完美结合，将两种材料的多种优良特性有效结合，完成空腔人工仿自然山林，实现公共建筑内部空间结构与外部生态拓展的功能充分结合，实现建筑物绿色低碳建造与维护。

关键词：自然风貌，PEC 结构体系，绿色低碳

1　工程概况

世博文化公园双子山项目位于上海市浦东新区。项目占地面积约 30 万 m^2，总建筑面积约 8.6 万 m^2，其中地上约 8.2 万 m^2，地下约 0.4 万 m^2。项目采用山型布局，利用结构空腔形成绵延的山形特征，上部结构为框架剪力墙，屋面结构上设置挡土墙分仓覆土，从山底到山顶覆盖种植土及多种植被形成人造山体。山体最高东峰 48m，次高西峰 37m。山体表面体现自然风貌，内部空间结合游览、停车、游客服务等功能，实现公共建筑内部空间结

构与外部生态拓展的功能结合，建成后将成为国内第一座高度超过 40m 的空腔人工仿自然山林，也是国内最大 PEC 组合结构（见图 1）。

双子山项目采用框架-剪力墙结构体系，空腔结构框架采用部分包覆钢-混凝土（PEC）结构，剪力墙为全现浇结构。结构呈山体形式逐步收缩，最高楼层 7 层，结构高度 42m。结构轴距 9m，局部 12m 和 13.5m，结构层高为 6m。山体结构共分为 A、B、C 3 个建筑功能结构腔体区和 5 个非建筑功能结构腔体区（见图 2），A、B、C 三区采用 PEC 装配式结构体系，钢构件主要为 H 形钢柱和 H 形 PEC 梁，楼板采用钢筋桁架楼承板，1~5 区非建筑功能结构区为混凝土框架结构（见图 3、图 4）。

图 1　双子山项目效果图

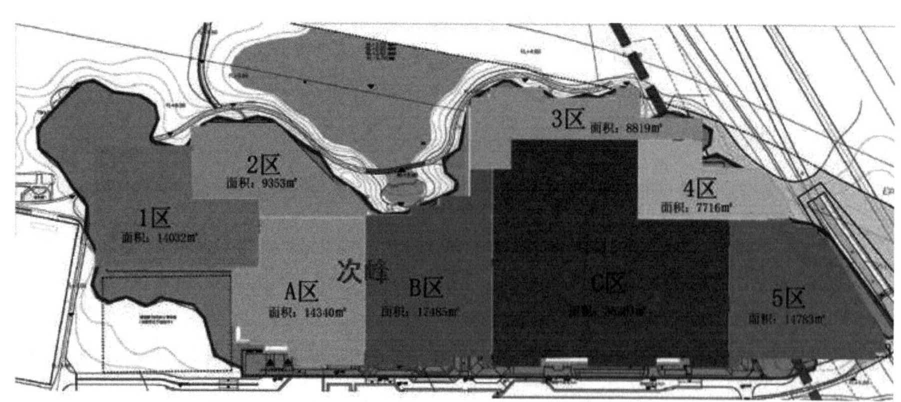

图 2　双子山结构分区示意图

图 3　PEC 结构山体框架示意图

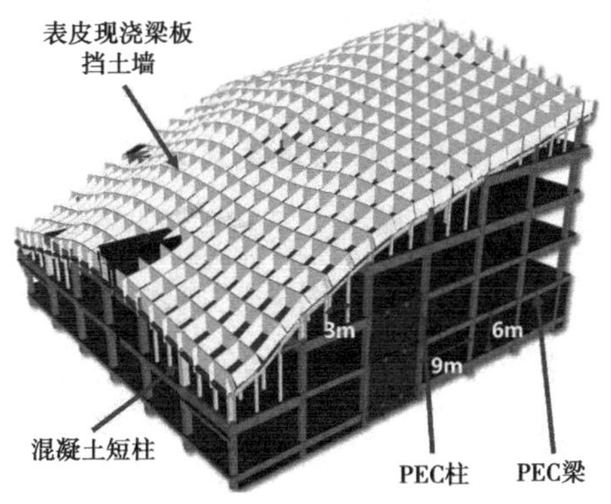

图 4　山形屋面结构示意图

2　PEC 结构

2.1　深化设计

双子山项目 PEC 结构空间构造复杂，构件数量多截面大，施工需结合实际情况进行合理深化。通过 Xsteel 和 AutoCAD 钢结构专业详图设计软件及辅助软件平台，对 PEC 结构整体建模，结合结构设计、安装方案、加工工艺，在模型中进行各构件的分段处理及节点加设，细化构件编号。根据场地情况、吊装设备起重性能及 PEC 结构混凝土浇筑等因素，优化施工方案，根据进度调整施工顺序，形成 PEC 结构设计、制作、运输、安装全过程优化体系，明确各部分构件施工进度，保证复杂空间下大体量 PEC 结构施工的效率。详见图 5、图 6.

图 5　PEC 结构数字化设计示意图

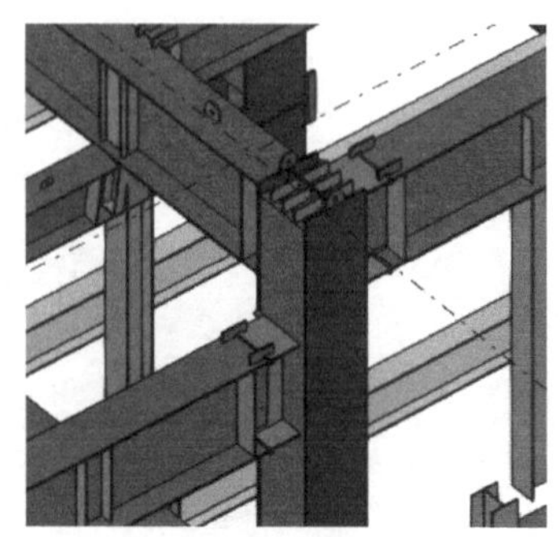

图 6　PEC 结构数字化设计节点图

2.2　PEC 结构加工及运输施工技术

在双子山项目中，为适应公路运输的要求，对 PEC 构件进行了分段制作，按照长度对构件进行分类。根据吊装施工顺序，采用支点、起吊点一致的多层 PEC 梁、柱平放方式堆叠，提高了吊装效率，减轻了场内运转压力（见图 7）。运用“二维码+RFID 芯片”实现了从生产制造、构件信息、物流运输到安装的跟踪管理，保证构件供应紧扣各项工程节点，提升了施工全过程管理效率（见图 8）。

图 7　PEC 构件运输

图 8　PEC 构件信息化管理

2.3　PEC 结构分区分块吊装施工技术

工程中对项目场地分区进行 PEC 结构吊装施工（见图 9），履带吊行走道路采用三七灰土上铺路基箱的形式，履带吊的荷载通过路基箱均匀传递至压实处理的三七灰土中，便于履带吊通过路基箱行走在安全可靠的地基土上。各区域内 PEC 结构吊装施工按照先框架柱，后主梁、次梁顺序施工，以形成稳定体系，每跨梁柱从一层直接安装施工至顶层，楼承板安装跟随框架结构流水施工，在框架结构安装过程中楼承板材料先打包吊装到位，框架由下而上依次铺设，从而形成人造山型建筑。

图 9　PEC 结构施工现场图

3　主要创新点和实施效果

3.1　绿色低碳

包覆钢-混凝土组合构件（PEC）（见图 10、图 11）用混凝土填充 H 形钢，采用工厂预制、现场拼装方式施工，节点连接方式基本等同全钢结构节点，连接质量易保证；利用了所包覆混凝土的刚度，符合建筑工业化要求和绿色施工理念。

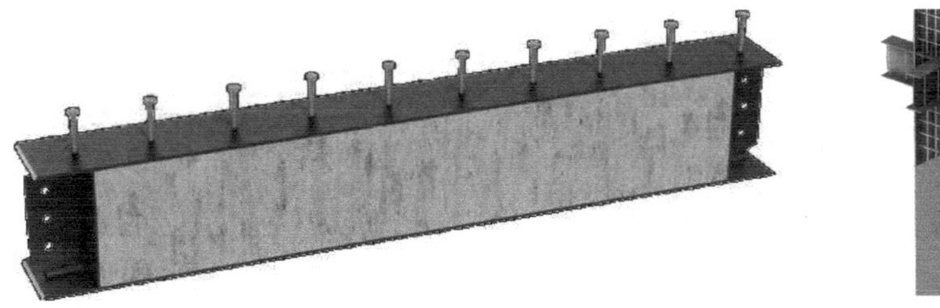

图 10　PEC 梁

图 11　PEC 柱

3.2　防火性能优良

与全钢结构、PC 结构相比较，PEC 结构防火性能更优良，使用性能好，通过混凝土填充 H 形钢，提高构件整体的振动、隔音效果，提升建筑的舒适性；同时大大提高了构件的防火及防腐性能。

3.3 成本低

H形钢是天然的模板，制作的成本较低，腹板的混凝土在工厂预制浇筑，质量可靠，且浇筑免模板，工序较少，节约成本及木料的使用。

3.4 施工速度快

PEC构件一节三层，可同时进行多楼层的楼板施工，对缩短整体施工工期较为有利（见图12）。

现场吊装过程中，由于PEC组合结构构件吊装为A、B、C三区，进行分区吊装施工，各区域内施工按照先框架柱，后主梁、次梁顺序施工，以形成稳定体系。每跨梁柱从一层直接安装施工至顶层，楼承板安装跟随框架结构流水施工，在框架结构安装过程中楼承板材料先打包吊装到位，框架由下而上依次铺设，从而形成人造山型建筑。

利用自主研发的一种用于PEC结构梁柱节点后浇筑段的支模体系，助力混凝土顺利浇筑，于2021年12月23日完成PEC组合结构封顶。

图12 PEC结构吊装作业

4　工程应用情况

PEC技术应用于上海世博文化公园双子山项目，取得了良好的技术及施工成果，技术优点明显。

一是解决了装配式结构可靠性问题。栓焊连接，节点可靠；钢混组合，抗震优越；工艺成熟，质控简单。

二是解决了钢结构抗火问题。混凝土包覆，钢混组合；免刷防火涂料，抗火3小时以上；永久抗火，避免二次装修涂刷。

三是解决钢结构防腐问题。混凝土包覆，永久防腐；免刷防腐涂料，避免二次涂刷；结构防腐同主体结构，大于70年。

四是解决了钢结构建筑隔音问题。钢混组合结构，隔音优越；解决纯钢梁隔音填充的“音桥”问题；隔墙隔音性能提升10dB，约30%。

五是解决了钢结构楼面震颤问题。钢混组合梁，刚度提升50%以上；楼面刚度与传统混凝土结构保持一致；解决钢梁楼面的刚度偏弱的震颤感。

六是在施工方面，PEC组合构件的钢骨部分可提前在工厂制作完成，之后直接运往施工现场即可使用，缩短了施工工期，降低了噪声污染；同时减少了建筑垃圾的产生，有效降低了工程造价。

5　取得的效益

该项新技术应用通过上海市住房和城乡建设管理委员会批准，形成了《装配式部分包覆钢－混凝土组合结构技术标准》（DG/TJ 08－2421—2023），自2023年8月1日起正式实施。

6　推广前景

作为首次在国内大规模采用PEC结构体系建设的项目，这种建造方式结合了钢结构和混凝土结构的优点，具有高性能、高耐久性、高可靠性、耐降解性，为山型结构的各项独特需求提供了支持。

三 城市更新篇

党的十九届五中全会通过的《中共中央关于制定国民经济和社会发展第十四个五年规划和二〇三五年远景目标的建议》明确提出实施城市更新行动。随着社会经济的发展，我国城市发展已经进入城市更新的重要时期；上海作为历史名城，其城市更新工作的速度不断加快。继 2021 年《上海城市更新条例》发布后，2023 年出台的《上海市城市更新行动方案（2023—2025 年）》明确提出开展城市更新的六大行动，以及推动城市高质量发展的举措。

案例 1 海鸥饭店改建工程

摘要：历史建筑代表一个时代的印记，当陈旧的设计与内部硬件设施无法满足城市的定位时，如何根据建筑物特点及所在空间位置进行有效改造，使其释放更多的公共空间，与周边环境更加和谐，是城市更新研究的重点。

通过对改建工程关键施工技术的探索与实施，不断优化及创新，分析各种特点，提出如何有效控制周边重要的保护建（构）筑物不受影响，并形成多种应对老旧城区内以拆除改建为主的城市更新工程的施工技术，从而保证更多城市更新项目的顺利实施，为后续类似工程提供借鉴，是每一项改扩建项目完成后提炼总结的工作。海鸥饭店改造完成后，北外滩现代与传统交织，历史与未来辉映，成为充满当代气息的滨水新地标和世界会客厅。

关键词：改建，城市更新，历史建筑保护

1 工程概况

海鸥饭店改建工程位于上海市虹口区黄浦路60号。海鸥饭店地处虹口区北外滩，具有独特的区位优势。西侧紧邻国家文物保护建筑“俄领馆”，东侧紧邻历史保护建筑红楼、灰楼，北侧黄浦路对面为中南海滨酒店，南侧紧邻苏闸及新建防汛墙。坐拥远眺外滩和陆家嘴“一江两岸”独一无二的绝佳视野。作为北外滩贯通和综合改造提升工程项目的组成部分，浦江发展的4.0版，是面向未来的窗口、新老融合的滨水空间、具有国际视野的文化长廊和带动区域发展的新引擎。

原有老建筑地上13层，无地下室，总建筑面积17932.11平方米，建筑高度47.7米。新建海鸥饭店地上13层，地下2层（局部夹层），总建筑面积29034.11平方米，其中地上建筑面积18234.11平方米，地上计容建筑面积17932.11平方米，地下建筑面积10800平方米，建筑高度53米。人防建筑面积1825.99平方米。

主体结构总体采用带少量支撑的钢框架结构体系。在建筑楼梯间周边填充墙内布置中心钢支撑，楼层采用了“钢梁+组合楼板”系统。客房塔楼东侧约8根钢柱落在三会议室上空的转换钢桁架上，转换桁架高度4.5米；客房南侧5根钢柱通过二层、三层餐厅的斜柱落在游泳池上空的钢柱上。海鸥饭店效果图见图1。

开工日期：2020年8月26日；现计划竣工日期：2023年9月30日。

图 1　海鸥饭店效果图

2　工程难点、特点

2.1　工程场地紧邻多个历史保护建筑，环境保护要求高

该工程地处上海市外滩历史文化风貌保护区东北角，基坑开挖影响范围内有多个历史保护建筑。西侧紧邻文物保护建筑俄罗斯领事馆（同时也是外事建筑），北侧相隔黄浦路为高层建筑中南海滨酒店和历史保护建筑礼查饭店，东侧紧邻历史保护建筑红楼、灰楼以及部队用房黄楼（开挖前已拆除），对基坑开挖阶段的环境影响控制要求极高。

在该工程基坑及上部结构施工阶段，场地东侧的红楼需要进行修缮加固，修缮加固阶段将整体顶升，此期间红楼周边 50 米范围内不得挖土。该工程基坑东侧区域在禁挖范围内，基坑开挖施工受到影响。

2.2 文明施工要求高

该工程涉及旧建筑整体拆除和新建筑建造，特别在拆除阶段会产生较大的扬尘和噪声。由于工程与外滩风景区隔江相望，且西侧紧邻外事机构俄罗斯领事馆，工程的拆除和新建作业既不能影响外滩风景区的观瞻和整体风貌，也不能因噪声、扬尘等影响到外事机构，避免酿成外交事件。因此，工程在拆除和新建的全过程中，都需要在建筑外部设置全方位遮罩，将建筑完全遮挡，严格控制施工所产生的噪声和扬尘。

2.3 紧邻苏州河河口水闸及防汛墙，严格控制施工影响

该工程场地西南角紧邻苏州河上第一闸——苏州河河口水闸（以下简称“苏闸”），场地南侧为苏闸翼墙及新建防汛墙。苏闸是集挡潮、防汛、冲淤、调节水位、通航、景观等多种功能于一身的超大型挡潮闸，在防汛防台、水资源调度、保障苏州河重大工程及水上重大赛事活动中发挥了重要作用，确保苏州河两岸8个区和500多万市民的生命财产安全。为此，需要严格控制基坑施工对苏闸核心闸室的影响。管理单位要求苏闸主轴在整个工程施工期间位移不得超过1毫米，苏闸变形控制在10毫米内，防汛墙变形控制在20毫米内，其困难程度是前所未有的。

2.4 设计工况受制约、施工场地狭小，施工部署及场地布置、交通组织要求高

该工程场地狭小，基坑边线紧贴红线，可用的周转场地非常小。同时，设计在基坑阶段又有明确的限载要求。根据设计图纸及现场布置，结合施工进度，对该工程的场地布置及交通组织提出了非常高的要求。

3 核心技术

3.1 深基坑顺逆结合开挖及上部结构同步施工技术

针对深基坑周边保护建（构）筑物众多，变形控制要求高，基坑开挖需要配合周边保护建筑顶升施工等特点，采用西顺东逆的顺逆结合基坑开

挖技术，合理优化顺逆作区域，特别是交界位置的上部结构安装路线以及塔吊等施工机械布置，兼顾历史建筑保护与工程整体施工进度的需求；采用隔离桩、MJS 加固等一系列技术措施，有效控制了基坑及上部结构施工对周边各历史保护建筑及重要构筑物的施工影响（见图 2）。

图 2　地下室剖面图

3.2　脚手架外挂铝板遮罩体系

项目场地位于外滩历史文化风貌区，与外滩景点隔江相望，场地西侧紧邻外事机构俄罗斯领事馆，施工阶段需要严格控制噪声和扬尘，且不得影响外滩观光。项目设计并优化了三立杆脚手架外挂铝板施工外遮罩体系，结合主体钢结构的特点对连墙件等细部构造和脚手架搭设等进行了针对性优化，创新设计了自立式遮罩（见图 3），有效减少了工程拆除及新建作业对外滩历史文化风貌区观瞻造成的视觉影响，以及对紧邻外事机构的噪声和扬尘影响，满足绿色建造和文明施工的要求。

图3 外挂铝板遮罩体系

3.3 临水深基坑施工期间苏闸及防汛墙的保护和处置技术

采用有限元软件对基坑周边变形保护要求极高的苏闸及防汛墙进行数值分析，研究海鸥饭店改造工程中基坑全过程施工对苏闸及防汛墙的影响，依据桩顶水平位移、沉降差等变形限值对周边防汛建筑物进行安全评价，并结合基坑周边环境特点提出了基坑斜抛撑加固、MJS 加固及双液注浆应急处置等一系列保护措施（见图4）。

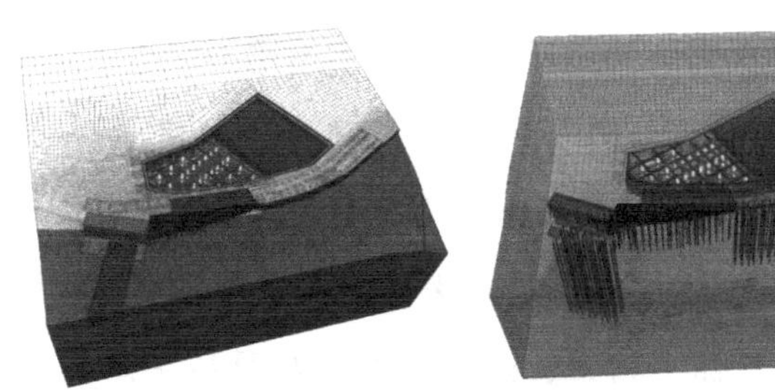

图4 基坑加固体系

3.4 BIM 技术在城市更新工程中的应用

综合运用 BIM 技术解决了酒店项目单层建筑面积小、层高紧张、系统复杂、管线密集、精装吊顶控制严格的难题。

3.5 深基坑采用顺逆作结合的工艺分坑施工，西坑顺作、东坑逆作

通过将基坑分为顺作区和逆作区，两个区域相互独立、平行地施工，使得场地东侧红楼顶升阶段逆作区即使不能动土，也不影响逆作区上部结构与顺作区上部结构的同步施工，最大限度减小红楼顶升对工程整体进度的影响。

3.6 基于“顺逆结合”基坑施工技术路线的塔吊布置与安装技术

基坑顺逆结合施工导致塔吊平面布置受限，塔吊无法附着在主楼结构上，而裙房结构高度略低于附墙安装高度，为此，利用主体结构和裙房外延结构，创新提出三叉戟式塔吊附墙钢骨柱支撑结构，将塔吊两侧附墙杆分别附着在主体结构钢柱上和裙房钢柱的向上延伸段上，解决了塔吊附墙高度因高于结构高度无法安装的问题。

3.7 三立杆脚手架外挂铝板临时遮罩体系技术

设计了三立杆脚手架外挂铝板的施工遮罩体系，有效控制了施工产生的声光尘污染，最大限度地减小了工程施工对外滩风景区旅游观景造成的视觉影响。在遮罩底部因留设机械切入口而无法闭合的区段，创新设计了阶梯式自立遮罩，实现拆除和新建作业全过程无死角的遮罩围挡。

3.8 钢框架高层建筑永临结合悬挑外脚手架施工技术

针对钢框架结构楼板和钢结构施工不同步，上部结构施工阶段无法使用常规的“悬挑钢梁+联梁+楼板锚固”支承形式的悬挑脚手架的难题，将钢结构的主梁向外延伸作为悬挑外脚手架的支承，并设置型钢拉杆或斜撑作为加固，悬挑层的悬挑主钢梁、悬挑钢连梁与同层主体钢结构同步深化、同步加工、同步运至现场、同步吊装施工，无额外工序交接，也不会影响楼板的施工，提高了整体施工效率。

3.9 应用于竖向大跨度地墙变形控制的型钢斜抛撑换撑技术

工程基坑西南角同时邻近西侧的俄罗斯领事馆和南侧的苏闸核心区闸室，基坑施工，特别是换拆撑阶段变形控制要求极高。针对这一问题，课

题组仔细分析模拟各施工阶段工况，提出为减少换拆撑阶段地墙内力，避免地墙变形对苏闸的影响，在西坑西南角标高-5.75m处增设4处斜抛撑，用于在拆除第二道支撑时提供临时支撑，减小该处地墙变形，控制换拆撑对苏闸的影响。

4 综合效益

4.1 社会效益

海鸥饭店始建于20世纪80年代，其老旧的设计与硬件设施已经远远无法满足北外滩世界级城市会客厅的定位。

改扩建后的海鸥饭店将释放更多的公共空间，与北外滩的滨江休闲绿道相结合，融入浦江两岸42千米景观岸线，和浦江三岸的建筑物交相辉映。海鸥饭店也必将成为北外滩现代与传统交织，历史与未来辉映，充满当代气息的滨水新地标和世界会客厅。

通过对海鸥饭店改建工程关键施工技术的探索与实施，经过不断优化及创新，形成了多种应对老旧城区内以拆除改建为主的城市更新工程的施工技术，在保证项目顺利进行的同时，有效控制了对周边多个重要的保护建构筑物的影响，为后续类似工程提供了借鉴。

4.2 经济效益

针对工程的特点和难点，通过有限空间内钢结构转换桁架散拼、吊装应用技术、脚手架外挂铝板遮罩体系在历史分化风貌保护中的应用技术、钢框架高层建筑永临结合悬挑外脚手架施工技术等，实现了项目的降本与增效，累计共节约成本431.7万元。

4.3 环境效益

通过积极采取绿色工地施工措施，该工程在对尘、声、光、水的污染控制、土壤保护、建筑垃圾的减量化及回收利用等方面取得了良好的效果。

案例 2　中国共产党第一次全国代表大会纪念馆工程

摘要：中国共产党第一次全国人民代表大会纪念馆（简称“一大纪念馆”）项目紧邻国家级历史文保建造，环境保护要求高。在满足建筑功能的同时外立面必须融入新天地历史风貌保护区，产生新与旧的碰撞与融合。位于太平湖底的超高地下展厅陈列着 1168 件珍贵文物，使地下室“恒温恒湿”尤为重要！该项目的施工秉承绿色环保理念，积极使用新的节能环保技术，同时利用监控平台，实现节能环保数字化监管和系统化纠偏。项目加大力度研发节能环保新技术，依照工程特点探索研发成套的综合施工技术，解决现场施工难题的同时，节约资源、能源。

因篇幅有限，本案例筛选几项重要创新技术进行介绍，例如：(1) 通过紧邻国家级重点文物建筑的深基坑施工关键保护技术实现了紧邻国家级文保建筑的深基坑施工，确保了文保建筑的绝对安全；(2) “石库门”红色文化历史风貌清水砖墙及其防水保温构造一体化施工关键技术实现了古法工艺与现代建筑的完美结合，使一大纪念馆充分融入历史风貌；(3) 百年品质红色文化纪念馆防渗隔水建造关键技术攻克了地下室渗漏通病，实现了地下展厅零渗漏的目标；(4) 红色文化纪念馆数字化精益建造关键技术利用数字化建造，提升管理功效，解决大量工艺难题。

关键词：紧邻国家级历史文保建筑，地下展厅，历史风貌保护区

1　中国共产党第一次全国代表大会纪念馆工程绿色建造技术

1.1　紧邻国家级重点文物建筑的深基坑施工关键保护技术

通过在施工前期对场内不良地质及障碍物进行清除，槽壁加固阶段制定最合理的施工流程并将重点部位的三轴搅拌桩改为 MJS 工法桩以减少土体扰动；基坑开挖阶段优化土方开挖流程以控制基坑变形，在基坑施工过程中采用自动化检测系统实时监测重点建筑变化，从先进的工法、自动化设备、细化管理模式、优化施工流程等手段出发，保护国家级历史性建筑

在施工期间的绝对安全。

1.1.1 围护体优化技术

该工程基坑坑底标高为-11.35m，开挖深度为11.2m，为了降低基坑开挖期间围护渗漏造成的水土流失，同时增加围护体整体刚度、减小土体倾斜，采用了“地下连续墙+内外槽壁加固”的基坑围护体系。其中，为了减小三轴搅拌桩加固施工对保留建筑地基的影响、降低土体扰动，将基坑西侧部分三轴水泥土搅拌桩改用MJS高压旋喷桩，减少了置换土产出，有效保护了土地资源和周边建筑（见图1、图2）。

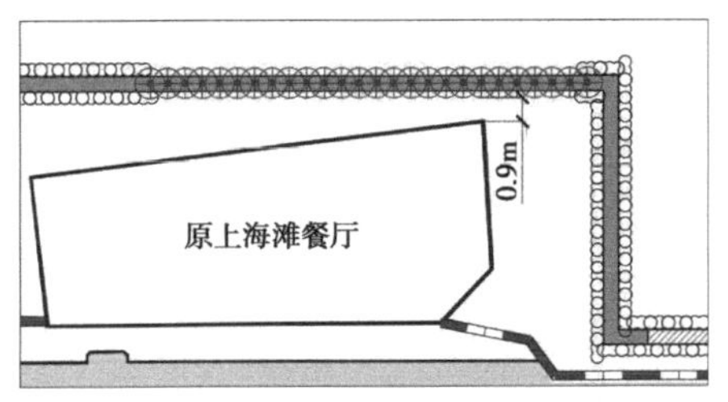

图1 原三轴槽壁加固范围

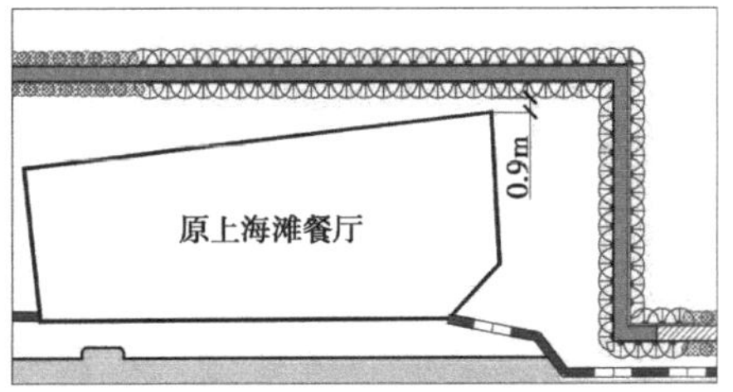

图2 优化后MJS槽壁加固范围

1.1.2 信息化勘查技术

工程前期通过无人机航拍、实地放样等手段，收集基坑周边表面环境信息，通过联合管线权属单位召开会议，收集基坑周边地表下管线信息。综合各项数据进行3D建模，绘制三倍基坑开挖深度范围内环境图（见图3）。

图3 基坑周边环境实景

1.1.3 全过程自动化监测技术

为了掌握施工过程中对一大会址产生的影响，采用了自动化监测系统，将采集终端（如静力水准仪自动化监测、测量机器人自动化监测系统、裂缝自动化监测系统、应力自动化监测系统及振动监测技术等）的数据实时反馈至云端进行汇总，同时在监测平台上进行数据展示，通过对数据的异常识别进行报警或预警（见图4）。

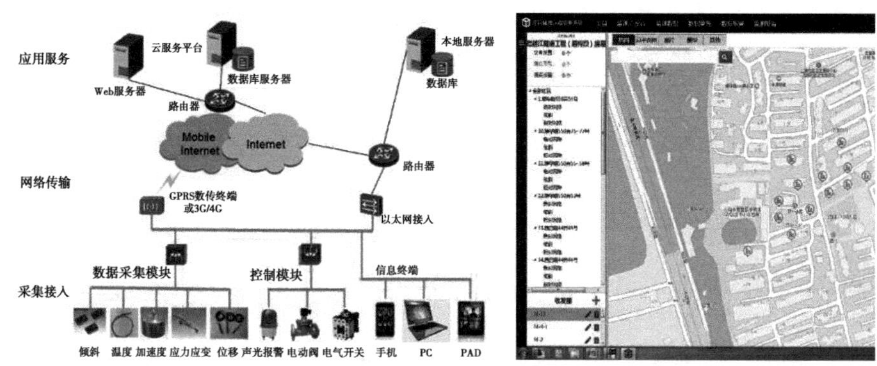

图4　自动化监测系统、监测平台界面

该工程在周边设置燃气、电力、给水、雨水、污水等管线测点81个，原黄浦区党建中心、原上海滩餐厅、一大会址等保护建筑房屋测点108个，企业天地、新天地商场、太平桥地下车库等邻近建筑测点262个（见图5）。

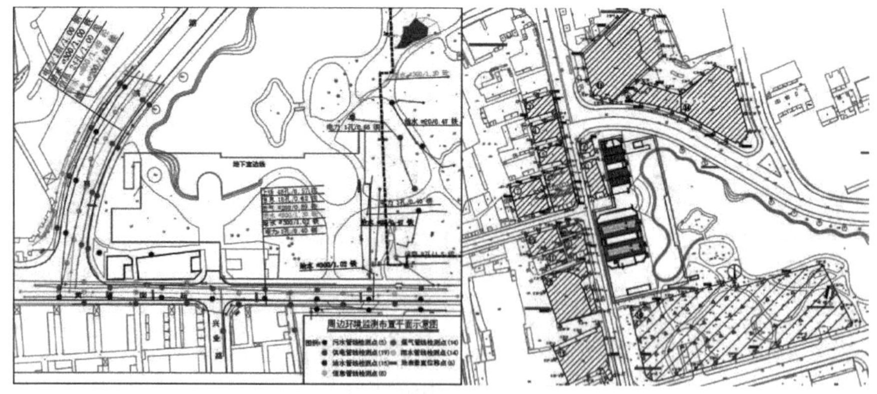

图5　周边管线测点、周边房屋测点

1.1.4 技术应用社会、经济效益及推广前景

该技术在中国共产党第一次全国代表大会纪念馆项目得到了全面应用，通过槽壁加固工艺改进极大减小了对周边环境的影响；采用了无人机航拍结合实地放样的手段，增加了工程前期勘查效率；航拍信息与已有建模软件配合绘制环境图，相较于单纯人工绘图节约了约30个工日。通过采用全过程自动化监测系统进行深基坑施工过程中的基坑变形监测、周边房屋变形监测、周边管线沉降监测等，节约了约216工日。

该技术对于邻近保护建筑的深基坑工程，采用的综合保护技术以其智能化、效果显著的特点，为此类工程基坑阶段的绿色施工提供了一个优秀的指导方案。形成了论文1篇，具有较高的推广使用价值。

1.2 清水砖墙及其防水保温构造一体化施工关键技术

为了保护上海历史建筑风貌的一致和统一性，项目采用与整体风貌呼应的石库门元素作为立面设计主要风格。主要建筑立面材料为青砖，利用穿孔拉结筋将青砖固定在砌体墙外侧，仿制石库门房屋的外饰面效果。前期对石库门风貌砖幕墙设计图纸进行深化设计后建立砖幕墙BIM模型，细化砖块排版及外墙构造分解，并依据BIM模型制作实际样板，检测样板实际效果后继续对外饰面构造进行优化，最终完善外饰面一体化砌筑技术。后期清水砖墙砌筑完成后，在其外侧涂抹光催化外墙自清洁生态涂膜，分解有害气体，保护周边环境。局部清水砖施工引入砌墙机器人配合施工，将新型机器人技术应用至实际项目中。

1.2.1 防水保温节能一体化技术

为了保障外墙整体的安全性，在砌体墙上设置Φ6、间隔450mm的穿孔拉结筋与清水砖墙拉结，并在砌体墙内设置钢板锚固。砌筑清水砖墙时每间隔450mm设置1根Φ6通常拉结筋，与穿孔拉结筋焊接固定。砌体墙与砖饰面墙之间采用“JS防水涂料+防水透气膜+砂浆嵌填密实”的形式作为外墙防水，其中防水透气膜可以保证内部呼吸畅通排出水汽。

外立面中砌体墙、防水层、保温层、清水砖墙多层构造合一，形成了完善的防水保温节能体系。

1.2.2 环保生态涂膜技术

待外立面施工完成后，在清水砖外侧涂抹光催化外墙自清洁生态涂膜，生态涂膜可在光照射下分解有机化合物、部分无机化合物、细菌及病毒等，能够有效地降解空气中的有毒有害气体；还能够降低青砖老化速度，使清水砖墙面不容易滞留水渍，降低墙体渗漏风险。

1.2.3 智能化砌墙机器人技术

该工程引入了智能化的砌墙机器人进行砌筑施工（见图6），机器人通过机械手X、Y、Z三个方向的移动实现砖块的抓取、抹灰、定位和放置，日工作量可达 $32m^3$，是工人效率的8倍，可以高效地完成砌筑工作，减少因人工误差带来的材料损耗。

图6　砌墙机器人

1.2.4 工程应用社会、经济效益及推广前景

该技术在中国共产党第一次全国代表大会纪念馆项目中得到了全面应用。

工程采用GRC预制构件作为外立面拱券、山花等特殊造型处核心部分券心石主材，代替部分清水砖砌筑。在满足外立面效果的情况下，节约了黏土砖用量，减少对泥土资源的浪费。

外侧生态涂膜的使用将新建的一大纪念馆融入周边绿地环境，与周边绿植共同作用，减少空气污染，切实地保障生态平衡，最大限度地实现人与自然的和谐共生。

局部清水砖采用机器人配合砌筑完成 12m^3 清水砖墙，工人砌筑每立方米砖墙约 500 元，机器代替人工节约了 500 元/ m^3×12 m^3 = 6000 元人力资源成本；形成工法 1 篇、科研成果 1 项、论文 2 篇，具有较高的推广使用价值。

1.3 百年品质红色文化纪念馆防渗隔水建造关键技术

工程建于原太平桥公园内，改造后的太平湖将引入地下室上方，保障百年品质的关键在于纪念馆整体的防渗漏隔水积水（见图 7、图 8）。从设计角度、施工角度、整体改造角度同步出发，经过设计方、施工方汇总讨论及专家咨询、论证后，确定了“抗+防+排”结合的防水设计理念，其中“抗”是指充分发挥结构混凝土的自防水性能，“防”是指结构迎水面设置多重防水构造，“排”是指结构背水面设置疏水系统。

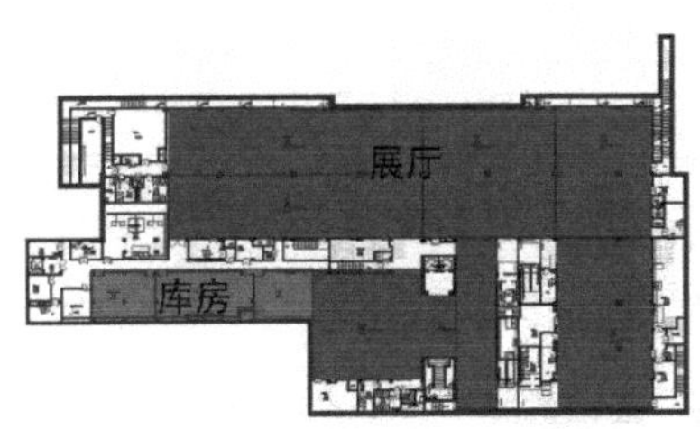

图 7 展厅分区平面图

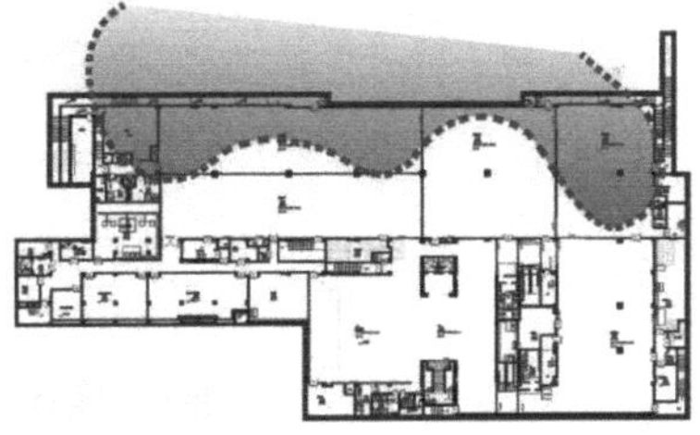

图 8 太平湖引入范围

1.3.1 结构自防水

经过混凝土配合比及外加剂的试验确定了最优配合比，各类材料均选用优质品牌，设置专用筒仓进行原材料仓储、专用搅拌机进行拌料。保证地下室混凝土达到理想的自防水效果。地下室结构混凝土浇筑完毕后，还采用“覆膜+蓄水”养护方式，保证了混凝土的养护条件，防止混凝土由于缺失水分而产生裂缝，减少了渗漏的风险。此外，在养护过程中持续进行温度监测，时刻关注混凝土温度变化，及时针对高温差情况做出降温处理。

1.3.2 结构防水构造优化

地下室底板迎水面设置两道防水卷材，背水面设置排水板；地下室外墙迎水面设置一道防水卷材、一道防水涂料，背水面设置一道防水涂料及排水板；地下室顶板迎水面设置两道防水卷材、一道防水涂料及排水板。

1.3.3 结构疏水构造

除排水板外，该工程在底板顶找坡层内设置了纵横交错的暗沟（见图9），一方面阻止渗漏的水流在找坡层上蔓延，另一方面将找坡层划分为多个区域，缩短了找坡距离，加大了找坡高度，有利于将底板中可能存在的水汇入排水暗沟。

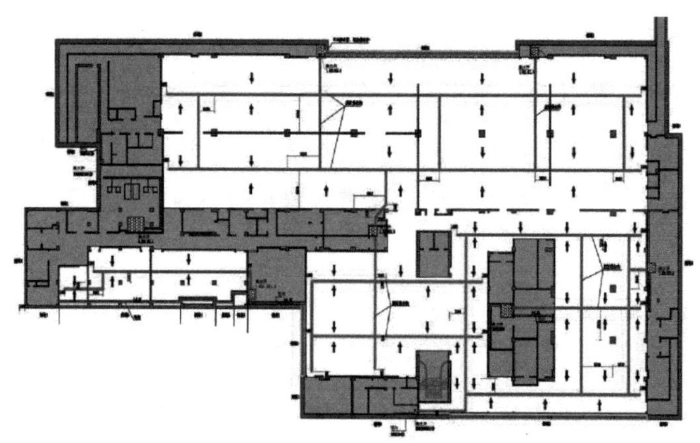

图9　底板顶暗沟平面布置图

1.3.4 工程应用社会、经济效益及推广前景

该技术在中国共产党第一次全国代表大会纪念馆项目中得到了全面应用。从严选防水材料、专题会议确定自防水混凝土配合比，到组织各方决定防水构造、严格验收防水施工质量等多方面打造无渗漏地下室，施工完成至今现场结构无裂缝产生，无渗水现象。通过“抗+防+排”的各项防水措施，打造了百年品质红色文化纪念馆的无渗漏地下室，为室内布设展览、存放文物等创造了良好的恒温恒湿条件。其中，自研的混凝土配合比可以为诸多地下室渗漏风险高的项目提供参考，针对地下室防渗漏这一难点提供了一种行

之有效的解决方案。形成论文 1 篇，具有较高的推广使用价值。

1.4 红色文化纪念馆数字化精益建造关键技术

项目采用了数字化技术构筑模型，更直观地发现设计问题，更便捷地优化设计、深化图纸，为纪念馆的精确建造提供帮助。基于这些结构、建筑、机电、装饰等各专业模型，还构建了 BIM 信息管理平台，将 BIM 模型与施工进度、资料管理、商务核算等多方面进行整合，避免了各部门之间信息交流不及时的状况，增加了项目资料的留存率，为项目管理人员的工作带来了极大的便利性。

1.4.1 模型碰撞检测技术

项目建立了结构、建筑、机电、装饰各专业的基础模型（见图 10 至图 13），利用 BIM 技术在三维空间内将结构、机电、装饰等模型进行整合，对碰撞部位进行检测，形成碰撞检测报告并及时反馈给设计单位进行修改，解决多专业的协调、深化问题以保证现场施工一次到位。

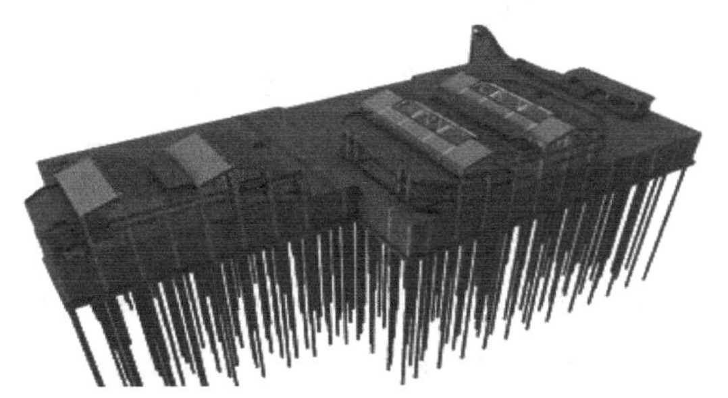

图 10 结构模型

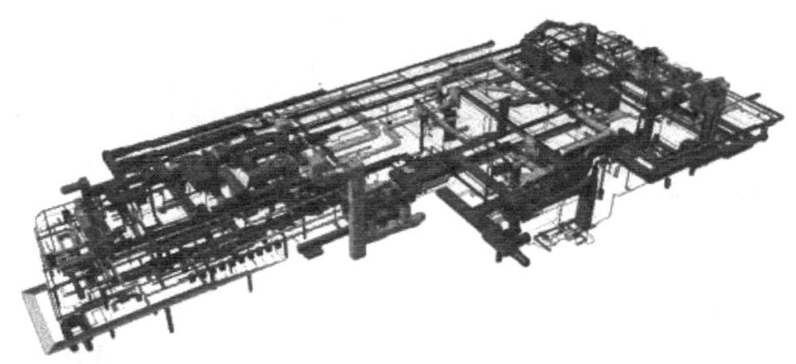

图 11 机电管线模型

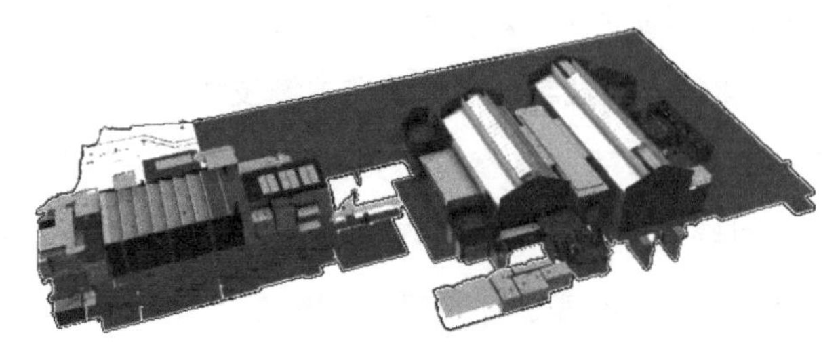

图 12　装饰模型

图 13　外立面模型

1.4.2 砌体结构深化与应用

基于 BIM 平台进行二结构深化，将二结构的砌块排列、构造柱圈梁设置、导墙高度、灰缝厚度、洞口留设等均体现在模型上，再由模型出图，极大地减少了烦琐的人工绘图（见图 14）。既可以通过信息管理平台实时查看二结构精确模型，又可以通过详细图纸对施工班组进行交底，对二结构相关的砌体使用、砂浆使用进行严格把控（见图 15）。

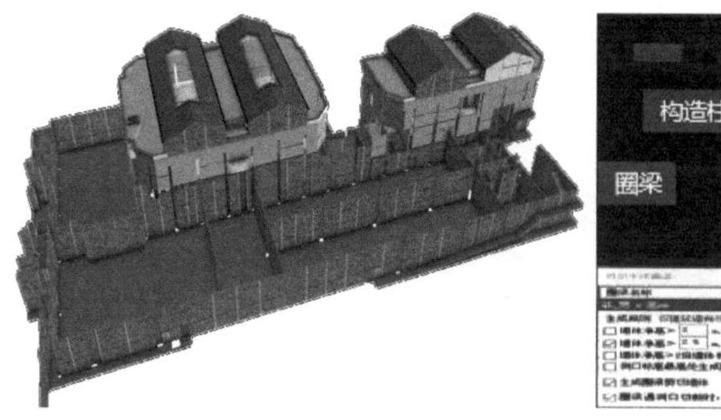

图 14　二结构模型

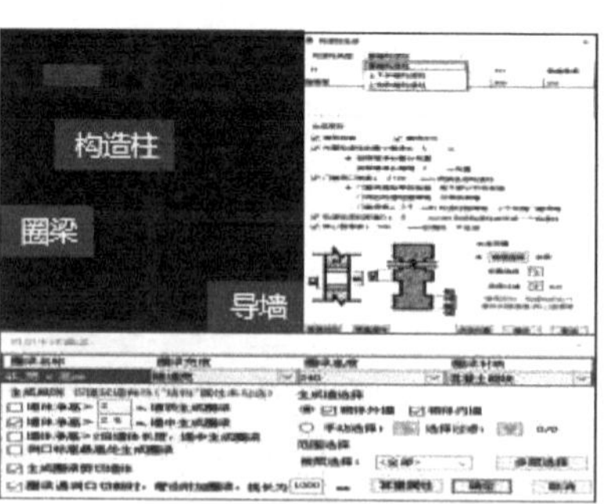

图 15　模型出图界面

1.4.3 信息管理协同平台

采用公司自主研发的基于BIM模型的协同平台，将场地布置模型、结构模型与施工实时进度、质量安全资料管理等集成应用。利用平台直观查看项目施工进度，及时掌握现场安全及质量问题，减少沟通的时间偏差，并对问题进行追踪跟进，加强了质量、安全管理（见图16）。提升工作效率的同时，所有问题解决过程均有记录和存档，项目后期有需要时可追溯，项目管理更加完善。

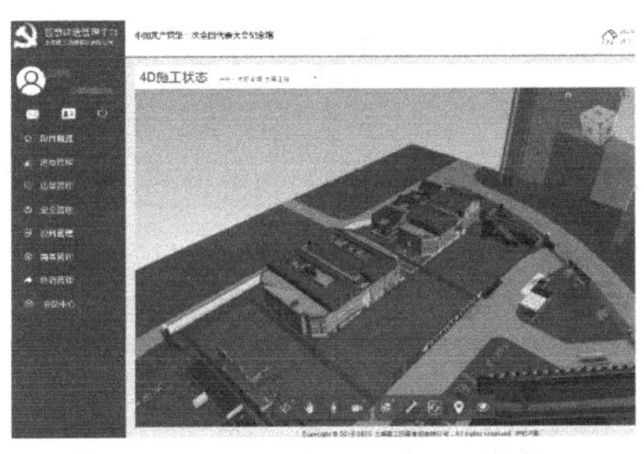

图16　信息管理平台界面

1.4.4 智慧工地

该项目采用了人脸识别智慧门禁、空调能耗智能监控、AI视频识别危险源、智能地磅、塔吊钢丝绳监控、空调能耗监控、混合现实MR应用等多项措施（见图17），对项目人员、资源消耗、材料进出场、现场验收等进行系统管控，也对现场安全问题展开智慧监控，节约劳动力的同时实现对工程全过程全方位管理。

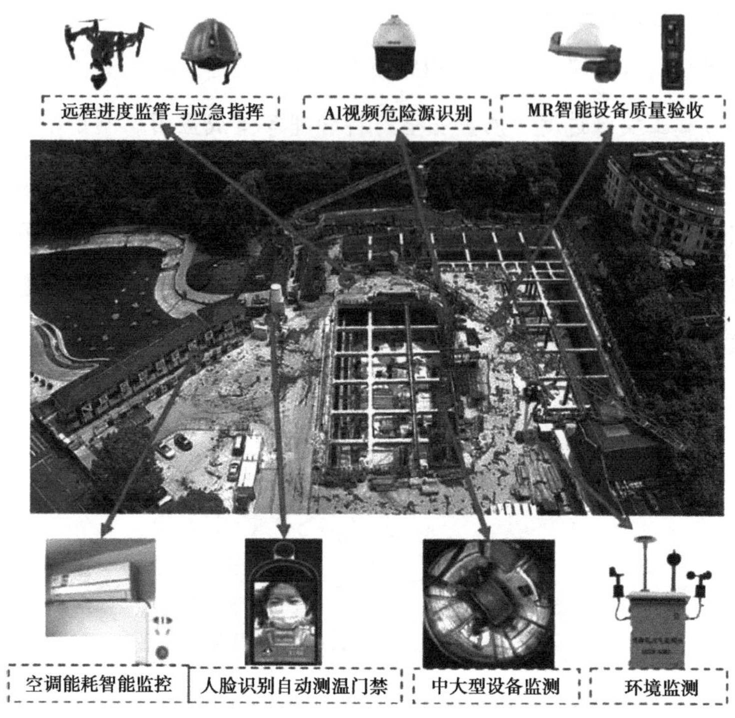

图 17 智慧工地模块

1.4.5 工程应用社会、经济效益及推广前景

该技术在中国共产党第一次全国代表大会纪念馆项目中得到了全面应用。基于 BIM 进行深化设计和管线碰撞检测已基本得到广泛应用，项目所使用的人工智能、传感技术、虚拟现实等各类技术可以为今后的智慧工地建设提供参考，针对项目特点选取不同的系统模式，发挥 BIM 的信息收集和反馈优势，用更智慧的方式管理工程。技术达到了国际先进水平，形成论文 1 篇，科研成果 1 项；形成相关专利 2 项，具有较高的推广使用价值。

2 工程案例

2.1 工程概况

本案例为中国共产党第一次全国代表大会纪念馆项目。该项目位于上海市黄浦区太平桥公园内，项目北侧为湖滨路，基坑距离湖滨路北侧的企业天地约 23m；项目南侧为太平桥公园绿地，太平桥地下停车库距离基坑约 5.5m；项目西侧为黄陂南路，基坑距离黄陂南路西侧的商业街建筑最近约 11m，距离中共一大会址最近约 13m（见图 18）。

项目简介见表 1。

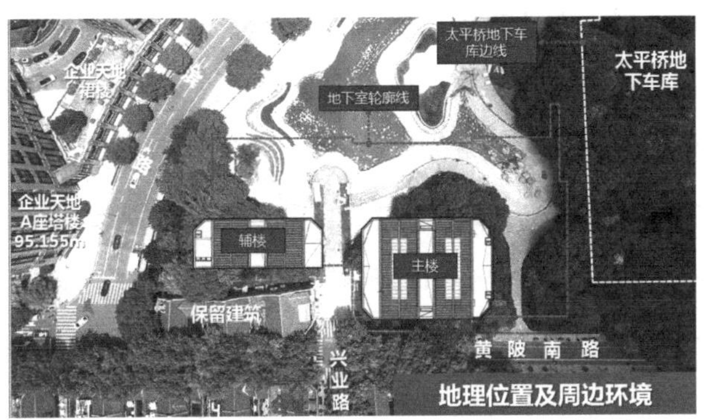

图 18　工程地点图

表 1　项目简介

项目名称	中国共产党第一次全国代表大会纪念馆信息
项目地点	上海市黄浦区太平桥公园内
建设单位	中国共产党第一次全国代表大会纪念馆
承建单位	上海建工四建集团有限公司
工程规模	总用地面积 9690m^2，地下一层，地上一层
结构类型	桩筏基础，框架结构
工　期	2019 年 8 月 31 日开工，2021 年 4 月 26 日竣工

2.2　工程特点、重点、难点

2.2.1 紧邻国家级重点文物建筑的深基坑施工

中共一大会址作为国家级历史性建筑、红色旅游胜地，其重要程度不言而喻。该工程位于中共一大会址的东侧，基坑边线距离一大会址最近仅 13m；基坑西侧还有原上海滩餐厅，基础形式为条形基础，上部 2 层框架结构，其最近处距离基坑不足 1m。在工程建设过程中，特别是基坑施工工程中，如何保证附近国家级历史性建筑的安全，成为项目过程中一个非常重要的研究课题。

2.2.2 工程性质特殊，对地下室防水质量要求极高

该工程建筑使用年限为50年，耐久年限为100年。相比其他工程，结构自身的稳定性、安全性及防水性能将更为重要。同时-2.400m标高的地下室顶板位于太平湖底，将常年经受来自湖水浸泡的考验，故打造无渗漏地下室为该工程的重中之重。

2.2.3 石库门外饰面一体化施工

石库门建筑是上海历史传承的见证，孕育了近现代上海乃至中国的政治、经济、文化、艺术及生活方式。为了保护上海历史建筑风貌一致和统一性，该项目采用与整体风貌呼应的石库门元素作为主要设计风格。为使该工程的外饰面效果融入历史建筑风貌群，采用石库门的清水砖墙外饰面，既能融入风貌，又能体现一大新馆建筑。同时为了保证外立面的结构稳定、节能保温及防水的要求，还要优化构造，结合实用与美观，做到外饰面的一体化施工。

2.2.4 地理位置特殊，环境保护要求高

该工程位于黄浦区核心地段，项目北侧为企业天地商业圈，南侧为太平桥公园绿地，西侧为中共一大会址、新天地商业圈及居民区，工程建设地集“红色旅游胜地、历史风貌保护区、市民休闲绿地”于一身，需要积极践行“节能、环保、绿色”的施工理念，采取先进实用的文明施工措施、绿色施工措施，保证在项目施工期间将对周边环境的影响降到最低。

3 绿色建造实施中关键问题的解决和取得的效益

项目通过使用紧邻国家级重点文物建筑的深基坑施工关键保护技术解决了紧邻国家级重点文物建筑的深基坑施工的问题，有效保护了国家级重点文物建筑，保障了基坑施工期间一大会址的正常开馆运营。使用石库门红色文化历史风貌清水砖墙及其防水保温构造一体化施工关键技术，解决

了石库门外饰面一体化施工的难题，还原石库门历史风貌的同时，满足了现代防水保温的要求（见图19）。使用百年品质红色文化纪念馆防渗隔水建造关键技术，解决了工程性质特殊、地下室防水质量要求极高的难题，实现了地下室零渗漏的目标。

图19　主楼门楣

4　取得的社会、环境效益

社会效益方面，中共一大纪念馆是在“全面建成小康社会的决胜阶段和中华民族走向伟大复兴的关键时期”建设的反映党的创建史的主题性纪念馆，对于维系中国共产党人历史、现在和未来的精神血脉，教育引导全国广大党员在新的历史起点上凝心聚力，进行伟大斗争、建设伟大工程、推进伟大事业、实现伟大梦想，具有重大现实意义和深远历史意义。自2021年开业以来，运行良好，开馆仅半年接待游客量超过150万人次，成为中共党员以史为鉴、回顾初心、牢记使命的红色圣地。

环境效益方面，一大纪念馆位于太平桥绿地公园绿地广场内，充分利用地下空间布置展厅，建成后太平桥公园绿地及太平湖整体得到提升改造，一大纪念馆完美融入新天地历史风貌保护区及太平桥公园绿地，真正做到了“还湖于民、还绿于民”（见图20）。

图 20　一大纪念馆鸟瞰图

5　示范和推广意义

中国共产党第一次全国人民代表大会纪念馆项目开创了国家级红色文化纪念馆地下展陈的先河，在完成建筑功能的基础上实现了绿色建造的目标，通过紧邻国家级重点文物建筑的深基坑施工关键保护技术、石库门红色文化历史风貌清水砖墙及其防水保温构造一体化施工关键技术、百年品质红色文化纪念馆防渗隔水建造关键技术、红色文化纪念馆数字化精益建造关键技术等实现了紧邻国家级文保建筑的深基坑施工，确保了文保建筑的绝对安全；实现了古法工艺与现代建筑的完美结合，使一大纪念馆充分融入历史风貌；攻克了地下室渗漏通病，实现了地下展厅零渗漏的目标；利用数字化建造，提升管理功效，解决了大量工艺难题。对同类环境极其复杂、还原历史风貌的地下展厅类工程具有颇高的借鉴推广意义。

案例 3　东长治路 505 号优秀历史建筑装修缮工程

摘要：优秀历史建筑的保护需要根据其建筑特点和历史意义采取不同的保护措施，而对建筑历史风貌、历史原物的保护内容，主要有建筑立面、主要结构体系和有特色的内部装饰均不得改变，这对历史文化建筑的修缮保护提出很高的要求，对于地处商业圈，紧贴主干道，对修缮过程中的文明施工和环境保护也提出了更高要求。

数字化技术在历史建筑的修缮改造中发挥着重要的作用，在用以还原历史建筑原貌，减少对历史建筑干预的同时，还能够提前排查施工中可能存在的各种问题，避免返工以及造成工期和材料成本的浪费，实现绿色低碳建造。

关键词：历史建筑，保护措施，数字化

1 工程概况

1.1 建筑概况

雷士德工学院平面形式为 Y 形，以主出入口为中轴线，两翼对称展开；建筑总长为南北向 38.74m，东西向 100.36m；建筑面积为 7858.82m^2；建筑层数为主体 4 层，中央塔楼 6 层；建筑总高度从室外地坪至穹顶顶部为 29.88m。

1.2 绿色建造重难点

1.2.1 建筑历史元素保护

雷士德工学院为上海市第二批优秀历史建筑。根据上海市历史建筑保护事务中心《保护要求告知单》，东长治路 505 号原雷士德工学院的保护要求为三类，根据《上海市历史风貌区和优秀历史建筑保护条例》第二十八条，建筑的主要立面、主要结构体系和有特色的内部装饰不得改变。此次修缮的历史风貌、历史原物的保护要求较高。

1.2.2 环境保护难点

雷士德工学院位于虹口区北外滩东长治路与商丘路交会口、白玉兰广场对面，地处商业圈，紧贴主干道，对修缮的文明施工和环境保护要求较高。

2 绿色技术

2.1 板底支模上部开孔浇筑

将原有空心砖全部清除，对原有钢筋进行除锈处理，粉刷保护层，新

增受力钢筋植筋，钢筋绑扎完成后，板底支模，楼板上部开孔浇筑灌浆料（见图1、图2）。遵循历史保护建筑修缮原真性原则，在用现代手段延长建筑结构使用寿命的前提下，保留具有时代特征的结构形式。

图1　将破损的空心砖清除

图2　密肋楼板修复完成

2.2　螺杆加植筋胶

用电钻在预制混凝土块上钻孔，钻孔完成后，使用压缩空气将孔洞内灰尘吹出并清理干净。使用压力注胶，将枪头深入至孔底，放入8mm螺纹钢，长度为250mm。螺杆末端埋入预制混凝土表面10mm。待植筋胶达到强度后，用水泥砂浆将孔洞填实。用设计确认的水刷石小样修补面层。最后再使用素水泥浆进行勾缝施工（见图3）。

图3　最终展示效果

2.3　花岗岩清洗——细针慢灸，同步施工

根据现场情况，将花岗岩表面的病害分为三类：砂浆附着，黑垢水

渍、油漆油渍。一类是仅有浮灰积聚的表面，使用 5 ~ 10MPa 水枪清洗。二类是由于石材中含有 7%的黑云母含有的钾铁硅酸盐类氧化后形成锈黄斑，使用少量弱酸清洗。三类是由于花岗岩孔隙结构吸附环境污染物所渗透形成的水斑黑垢与有机色斑的结合物，使用中性脱漆膏敷贴涂刷，待黑垢软化后使用扁铲刮刀去除，再使用水枪冲洗。

2.4 BIM 辅助精装修及安全技术管理

该项目建筑外形从空中俯瞰犹如一架展开双翼的飞机，从二层开始建筑物轮廓内收，因此存在多种屋面形式及建筑高度。撰写脚手架方案前，针对项目特点，在 Revit 软件中对不同高度脚手架的搭设高度和范围进行模拟，避免中途返工以及造成工期和材料成本的浪费（见图 4）。

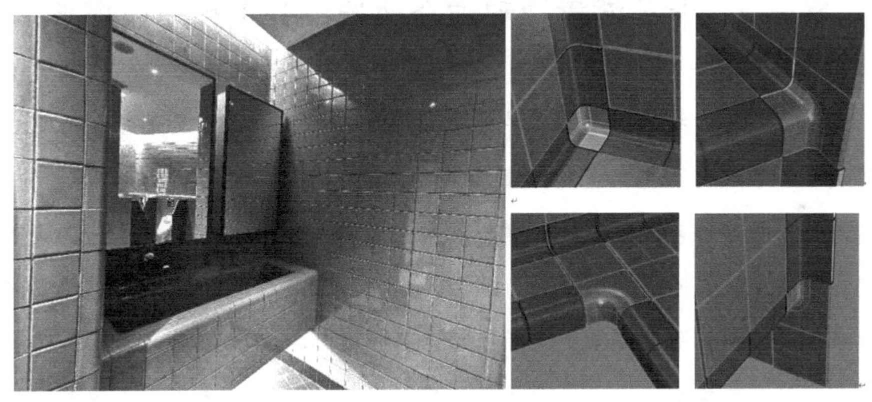

图 4 BIM 精装修排版

3 社会、环境和经济效益分析

统一喷砂清洗外立面使花岗岩平整发白，失去原有色彩和颗粒感，对花岗岩本身的古锈肌理形成破坏，且难以兼顾勾缝拐角处污垢的清理。优化做法不仅解决了喷砂清洗难以针对局部勾缝转折等复杂拐角淤积的变色而导致清洗不均匀的问题，还保留了花岗岩原有的整体色彩和颗粒感，使修缮效果更符合历史保护建筑的修缮要求。优化做法成本仅为喷砂做法的 40%、传统做法的 76%。

采用以上技术，结合现场充分调研，该工程工期仅14日历天，比建设单位及设计提出的50日历天工期提前36天，方案直接节省了59.92万元。

最大限度保留了历史原物，尽可能保留水刷石整体风貌。且文中提到的“螺杆+植筋胶”这种修缮工艺，不仅仅对预制水刷石适用，对历史建筑外墙的其他历史材料同样适用，有一定的推广性。

雷士德工学院以英尺为单位建造，墙地尺寸与墙角角度与现有国际单位制建造房屋有所差别，项目部对数字化技术的运用，减少了与厂家和工人的沟通成本，提前排查了施工中可能存在的各种问题，尽可能减少对历史建筑的干预。

案例4　北外滩贯通和综合改造提升工程一期项目

摘要：砖木结构的建筑在早期的城市发展中占据了重要的地位。这些建筑经历了风吹雨打，也见证着城市的发展。随着城市扩展步伐的推进，越来越多极具特色和风格的老建筑消失在我们的世界。本案例依托的老建筑亦面临此种风险。典型的上海石库门风格的建筑，由于场地内需要新建建筑，面临被拆除的境地。为了保留下历史建筑外墙丰富的线条、大气的山花、复杂的拱券等，本案例从设计伊始，就已经决定要将历史建筑与新建筑形成有效结合，并在满足新建建筑功能要求的前提下，采用绿色环保的施工工艺，让历史建筑焕发新的光彩，服务新的时代需求。

关键词：历史建筑，清水砖墙，拆落地，复建

1　工程概况

北外滩贯通和综合改造提升工程一期项目位于上海市虹口区黄浦路和武昌路交叉口，基地东西向长度约260米，南北向长度约60米，大体成南北向狭长分布的长方形。东侧为虹口港，南侧为扬子江路、黄浦江驳岸及

黄浦江，西侧为武昌路，北侧为黄浦路。

项目总占地面积1.9万平方米，基坑面积约1.4万平方米，总建筑面积9.9万平方米，其中地上建筑面积5.7万平方米，地下建筑面积4.2万平方米。新建1号、2号、3号楼均采用钢框架结构体系，通过连接体整体打造为具有国际重大会议接待功能的会议文化中心。场地东侧设景观平台，与南侧9米礼仪平台连通。9米礼仪平台南临黄浦江，架空在新建防汛墙上，作为重大国事活动的室外迎宾场所（见图1）。

图1　工程完工航拍

2　工程特点、重点、难点

基坑临近优秀历史保护建筑，保护难度大；临近防汛墙施工，保护难度大；砖幕墙结构体系自主设计。

3　绿色施工技术

3.1　历史建筑外墙保护性拆除施工技术

3.1.1 拆除前现状数据统计及影像资料留底

原历史建筑的清水墙体由于在后期的使用过程中被抹灰覆盖，因此进场后需要将抹灰层全部铲除，使墙体能够露出本来的面目。

抹灰层剥离后，需对剥离粉刷层后外墙的红砖、青砖的分布及排列进行数据统计，确认需保留的红砖、青砖数量及砌筑工艺；然后对重点特色部位的数据进行放样统计，主要部位有檐口线条、门楣造型、窗套线条、拱券样式、压顶线条等，拍摄影像留底，记录各个部位的详细数据尺寸。

三维扫描仪可通过投影或者光栅同时投射多条光线采集物体一个的表面的数据，只需要几个面的信息就可以完成整体扫描，具有扫描速度快的特点，因此对保留墙体进行三维扫描形成效果图，为墙体拆除后进行原貌恢复作为依据（见图2、图3）。

图2 保留建筑墙体南立面三维扫描图

图3 保留建筑墙体北立面三维扫描图

3.1.2 砖墙及构件保护性

砖墙保护性拆除的顺序秉持着从上到下、先易后难的原则，首先待屋面部分的结构层拆除后，如山尖墙，必须待平瓦、砖望板、木椽子、木桁条拆卸后，再自上而下拆除内外砖墙。拆卸的砖块后期需用于复建，拆卸时不得采用撬棍硬撬硬拉，而是采用8磅的橡胶皮榔头、平口凿子等敲打，对于强度较硬的灰缝采用木砧顶开的脱离方法拆卸。

拆除后的砖块挑选保留完整可用的，对砖块表面清理后按颜色分类，分别包装并标明型号、颜色。其中，对砖线条、拱券、砖花等特殊的砖分别进行重点保护包装。用木箱将旧砖整理装箱，用叉车进行装卸，用卡车运送到基地。在木箱下方垫高，上方覆盖防雨布，小心保存，避免雨水淋湿浸泡。

对室内钢柱、木梁、仓门、吊杆及门闩及其特色五金件等，以及推拉木窗、上下勾杆及其特色五金件等，选取保存良好、特征鲜明的室内特色构件进行保留，后续景观设计及展陈主题再重新利用。

门窗拆卸时，则按照先门扇、窗扇，后门框、窗套的顺序进行。木门、窗扇拆除前必须编号，待拆除完成后，再拆除门套、门框、窗套，窗框不实行拆除，由于窗框的框脚插入墙体，如先拆除会对保留的窗饰产生损坏，因此在砖墙拆除后再进行窗框的拆除。。

门框拆除后，拼接先拆除的门扇，形成成品，门套散拆后同样拼接成成品，门扇与门框为一组，采用气泡塑料薄膜包裹后，再打包装箱。

所有木制品分散拆卸后必须再拼接成成品，每一段一个包装箱，清理干净后，采用气泡薄膜垫衬，由打包机捆紧装箱。

3.1.3 砖幕墙体系施工技术

在历史保留建筑的原址上新建主体结构，外墙可以采用历史保留建筑拆下的清水老砖进行砌筑，该清水砖外墙为装饰墙体，不作为承重墙体，依附于主体结构外侧，保留原老建筑的历史风貌，传承文化文脉（见图4)。然而，历史建筑老砖通常风化严重、强度较低，即便经加工处理（见图5）后防水保温功能仍较差，其砌筑而成的清水砖墙仅起到主体结构外立面装饰的作用，不能满足现代化使用需求。

施工时提出了一种清水砖外墙防水保温体系及施工方法，解决传统建筑外墙施工时既要保留历史建筑的文化价值，又要满足防水、保温使用要求的难题，实现新老建筑和谐共生。

图4　南立面和转角位置处的钢背衬

图5　单砖预排盐

砖墙砌筑中需将外立面保留构件进行还原，并按原有砖线条、造型进行砖块的砌筑加工（见图6至图8）。

图6　窗拱券砌筑

图7　铸铁篦子还原

图8　柱头花饰按原造型砌筑

3.1.4 历史构件修缮与再利用技术

原历史建筑内部有大量铸铁圆柱（见图9、图10），全部是20世纪初修建建筑时留下来的产物，为了保留这一历史痕迹，经修缮后的圆柱将用于室内的装饰。

图9　原建筑铸铁圆柱

图10　保护性拆除铸铁圆柱

通过对老旧构件进行修缮，经简单处理或改造加固，使其成为建筑的新构件而被再次利用，该做法在保证历史建筑“修旧如旧”的同时，解决了建筑废弃物回收利用的问题（见图11）。

图11　铸铁圆柱利用实景

3.2 工程应用情况

目前，历史建筑外墙保护性拆除施工技术已经在北外滩贯通和综合改造提升工程一期开展示范应用，取得了良好的应用效果。砖幕墙体系施工技术形成了发明专利3项，并发表了论文3篇。历史构件修缮与再利用技术目前该技术已经在北外滩贯通和综合改造提升工程一期、东长治路505号历史建筑修缮工程中开展示范应用，取得了良好的应用效果。

3.3 经济、环境和社会效益分析

采用历史建筑保护性拆除，再利用老砖重砌、修旧如旧的方案，极大地降低了施工风险，减少了建筑材料的消耗，节省成本1000万元；减少建筑垃圾的产生，实现环境保护，同时最大限度地还原了历史风貌，传承了历史文化。

自主设计的钢框架清水砖外墙防水保温结构体系工艺，不仅实现了“修旧如旧”的外墙风貌，也确保了保温、防水等外墙体系功能的实现，同时将砖幕墙工程工期缩短至3个月。

3.4 推广前景

在目前历史建筑越来越稀缺以及城市土地资源越来越有限的情况下，该技术为新建建筑区域保留老建筑的风貌提供了一种思路，极具推广意义。

案例5　松浦大桥大修工程

摘要：随着时间的推移，越来越多的既有桥梁已不能适应现代交通的需要，如何充分利用好既有桥梁，利用好已有的稀缺过江资源，大幅提升交通功能，是桥梁建设改造的一个重要的课题。桥梁改扩建工程是城市更新的一个重要内容，在改造过程中既要符合现代交通特点，又要保留历史风貌，是对桥梁改造提出的重要课题。松浦大桥是黄浦江第一桥，项目组在大修过程中对既有桥梁的保护性扩建的绿色施工技术进行深入研究，探

索出了一系列桥梁改造更新的新技术，使桥梁改造与新建结构有效结合，为绿色、减碳提供了可借鉴的方式。保留了历史、建筑等不同的故事，为城市留下过去的岁月记忆。

关键词： 桥梁改造，减碳，保护性复建

1 工程概况

松浦大桥是黄浦江上的第一座大桥，为公铁两用双层桥，原桥于1976年建成，40年来为上海工业化及城市发展发挥了巨大作用。多年超负荷运营下，大桥也产生较多病害。由于两岸交通流量迅猛增长、非机动车过江的需求日益强烈。此次大修的原则是：在原桥位进行扩建改造、功能提升，满足双向6车道及非机动车骑行过江的要求。

图1 松浦大桥

此次改造的主要工作内容为：主桥上层拆除原12米宽2车道桥面，新建24.5米宽双向6车道桥面。下层拆除原6米宽铁路桥面，新建13米宽人非通道。上层引桥由双向2车道拓宽为双向6车道。下层引桥通过顶升法调整桥面坡度，对桥墩进行改造，原T梁继续利用，改建为非机动车

道。更新桥头堡、检修桁车等附属设施，新建地面辅道，完善松浦大桥周边路网，新建地面辅道，完善松浦大桥周边路网。

2 工程重点、难点

由于该项目为原位扩建改造，且外部环境复杂，因此施工难度超出拆后新建，工程共有十大难点：

一是项目紧邻运营铁路，上跨三级航道，施工限制多。

二是项目位于一级水源保护区，环保要求高。

三是施工封交时间短，交通组织难。

四是上层改造下层通行交叉进行，安全压力大。

五是首次应用含粗骨料高强韧性混凝土，无相关工程经验。

六是大挑臂组合桥面板存在变形及开裂风险，控制难度大。

七是国内首次实施大跨双层连续钢桁梁顶升，精度要求高。

八是下层引桥调坡降墩规模大，线形控制难。

九是主桥船撞变形杆件多，矫正风险大。

十是桥梁加固新老构件连接复杂，匹配要求高。

3 创新技术

针对项目难点，开展多项科研，获得多项创新成果，并在该项目中得到实际应用。

3.1 基于桥墩基础不改动的大跨度钢桁桥原位改扩建抗震防撞体系

首次提出桁片数量维持不变的大跨钢桁梁拓宽技术，提出了桁片数量维持不变的大跨钢桁梁拓宽设计方法，研发了基于老桥维护改造的板桁结合技术。疲劳试验结果见图2。

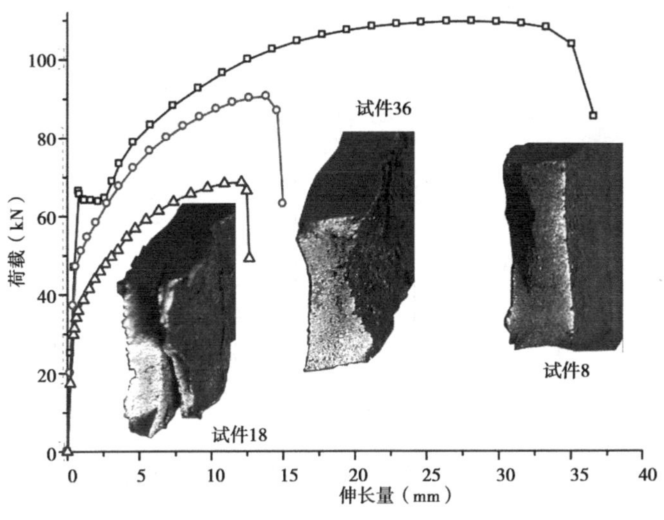

图2 疲劳试验示意图

3.2 大跨钢桁桥原位加固设计方法

首次提出完善的大跨钢桁桥原位加固设计方法，完善了分批受力受压构件稳定设计理论，揭示了其力学规律，探明了分批受力铆钉群的受力特点，创新其加固设计理论（见图3、图4）。

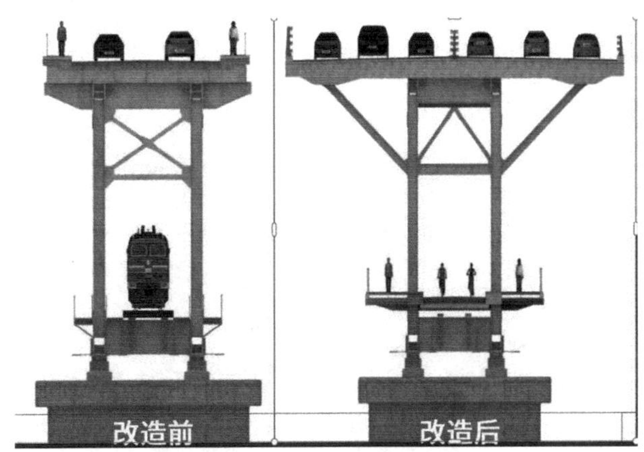

图3 大跨钢桁梁拓宽设计

图4　分批受力铆钉群构件

3.3 首次建立基于桥墩基础不改动的大跨度钢桁桥原位改扩建抗震防撞体系科技创新

3.3.1 提出了既有桥梁减隔震技术

提出基于桥梁剩余使用寿命的维护改造桥梁的抗震设防标准，研发应用了新型拉索减震支座、拉索伸缩缝产品。

3.3.2 提出了新型防船撞钢套箱技术

开发了基于钛钢、FRP（纤维增强复合材料）复合板、橡胶、高分子泡沫材料的新型复合防撞套箱，采用双环结构在有效提升自身耐久性的同时可降低30%船舶撞击力（见图5）。

图5　撞击试验

3.4 首次提出并完成基于工业化建造的高性能组合结构桥面在大跨度钢桁桥改扩建工程上的大规模应用

一是研发了适宜于组合桥面板的含粗骨料高性能混凝土材料。

二是提出抗疲劳性能优越的带球扁钢加劲肋的正交异性组合桥面板结构体系。

三是推演了纤维混凝土组合桥面板裂缝宽度计算方法。

四是提出采用高压水冲刷界面的纤维混凝土新旧界面处理新方法（见图6）。

图6 高性能组合桥面

4 综合效益

4.1 科技、质量获奖

该工程获17项专利，出版专著1本，在国内外核心杂志发表论文24篇，其中SCI/EI论文15篇，在编规范1本。

同时项目科学技术、质量成果显著。

获奖情况见表1。

表 1　获奖情况一览表

序号	奖项名称
1	上海市科技进步奖一等奖
2	2022 年上海市“白玉兰”奖
3	2023 年度上海市优秀设计奖
4	2023 年度中施企协工程设计水平评价一等奖
5	2020 年度上海市公路学会科学技术奖一等奖
6	2021 年度中国公路学会科学技术奖二等奖
7	2022—2023 年上海市市政工程金奖
8	2021—2022 年上海市金钢奖
9	2020—2021 年上海市优质结构工程
10	2019 年度上海市建设工程绿色施工样板工地
11	2019 年“工人先锋号”
12	2018 年度上海市“明星工地”
13	“创新杯”建筑信息模型（BIM）应用大赛工程全生命周期 BIM 应用三等成果
14	“共创杯”首届智能建造技术创新大赛一等奖
15	2018 年度上海市级文明工地
16	2019 年度上海市级文明工地

4.2　经济效益

该工程充分利用稀缺过江资源，大幅提升交通功能，取得了显著的社会效益。

改扩建方案相较于拆除重建方案，节省总投资 4.5 亿元，节约工期 18 个月，有效避免了对水源保护区的影响，并保留了黄浦江第一桥的历史风貌。

松浦大桥作为黄浦江上第一座设置专用慢行系统的桥梁，提供休闲空间，倡导慢生活主题，彰显浓厚的人文情怀。

依托工程主办桥梁维护更新学术研讨会，项目作为桥梁更新的代表，受到行业领导、专家的广泛赞誉。

5 示范和推广意义

该工程通过对既有桥梁的保护性扩建的绿色施工技术研究，探索出一系列桥梁改造更新的新技术，保留了历史、建筑等不同的故事，为城市留下过去的岁月记忆。

历史建筑保护性复建的绿色施工技术研究，探索出了桥梁改造与新建结构的有效结合，为绿色、减碳提供了可借鉴的方式。

四 机场工程

案例 1 上海浦东国际机场西货运区 3 号货运站二期

摘要： 依托上海浦东国际机场西货运区 3 号货运站二期项目，针对钢结构体量大、地基承载力和工后沉降要求高、场地周边环境复杂、施工管控难度大等特点，采用绿色施工的管理理念，应用绿色施工技术，取得了较好的经济效益、环境效益和社会效益，工程施工阶段顺利通过了“上海市建设工程绿色施工Ⅰ类工程”验收。对后续其他类似工程具有一定的借鉴意义。

关键词： 真空预压，大面积，绿色施工技术

1 上海浦东国际机场西货运区 3 号货运站二期绿色技术

1.1 真空预压地基处理

该项目通过前期策划，对做法进行优化，采用了无砂垫层真空预压法。

相较传统真空预压法，取消了 300mm 厚排水砂垫层，在处理场地上打

插塑料排水板后，每隔两排塑料排水板布置一条水平管道，并使用连接器将塑料排水板露出部分紧密连接到水平管道上，节省了铺设砂垫层的大量投入，共计节省砂 14017.8m^3，节约工期 15 天。地基处理见图 1。

图 1　地基处理

为确保真空预压加固范围内的土体形成负压，需要设置密封墙，常规做法为使用水泥土搅拌桩，需要 13%的水泥掺量，该项目优化为泥浆搅拌桩，节省了水泥的使用，共计节约 2216m^3 的水泥［0.7（单根面积）×2706（根数）×9（打设深度）×13%＝2216m^3］。

考虑到环境保护需要、结合一期工程处理效果及截断工后竖向排水通道的需要，将竖向的塑料排水板更换成可降解塑料排水板（见图 2）。

图 2　可降解塑料排水板

将真空预压抽上来的地下水收集至集水箱内，用于现场车辆冲洗、道路散水降尘等。共计节约水 746m^3。

1.2 大面积软土地基处理

该工程场地内 1 层为填土、浜土、4 层为淤泥质黏土、5 层黏土性质较差，若不经处理，地基将会产生较大的沉降，或差异沉降不能满足使用要求。为防止地坪出现沉降或差异沉降过大而影响设备的正常使用，需要对地基进行处理。处理面积达 61075.69m^2。

1.3 大跨度、大面积网架安装

该项目主站房区域屋盖采用二层正交正放网架，面积为 22896m^2，网架根据柱网轴线分为 4 行 5 列的单元网架，单块网架跨度达 36m，网架矢高达 4.3m，单块网架最大重量为 72t、单块网架杆件数量多达 560 根，球节点 162 个，网架螺栓球大小不一，杆件细长，网架厚度不一致会导致吊装重心偏心，吊装难度大，节点高空定位控制精度要求高。

2 社会、环境和经济效益效益分析

上海浦东国际机场西货运区 3 号货运站二期工程施工中，获得上海市建设工程绿色施工Ⅰ类工程。

工程共节约砂 14017.8m^3，节约水泥 2216m^3，节约工期 15 天，节约水 746m^3。

无砂垫层真空预压法显著提高了工程的施工效率，节约了大量资源和工期成本，同时不会因为水泥固化而改变土体土质，对土体进行了保护。

大面积、大跨度网架安装技术安装精度满足设计和规范要求，保证施工质量，缩短施工工期，降低了施工成本，施工质量及效果得到各方一致好评。

混凝土二次利用将建筑垃圾再加工后成为工程原料，减少了垃圾填埋占用的土地资源，同时也节约了自然资源。

真空预压法因仅仅是物理上将土体水分排出、重新固结增加土体承载力，不会因为水泥固化而改变土体土质，对土体进行了保护。

五 市域铁路

案例1　上海机场联络线4标华泾站

摘要：以市域铁路中上海机场联络线4标华泾站为研究对象，使用案例分析的方法，对该工程中使用的绿色建造技术、可周转性材料、节能机械设备进行研究，并对绿色建造技术应用效果及经济社会效益进行分析，总结了推广绿色建造的重要意义。

关键词：市域铁路，绿色建造技术应用，绿色建造效益

1　上海机场联络线4标华泾站绿色技术

1.1　绿色低碳技术

临近地铁超深基坑施工技术，适用于深基坑开挖阶段变形控制，配合明挖顺作法施工达到逆作法的变形控制效果；适用于地层环境较差、周边环境复杂，并且对沉降要求十分严格的地下工程。

1.2　绿色低碳方面的主要创新点和实施效果

在超深基坑工程中，普通钢支撑因其轴力小、刚度小、易失稳等缺点而较少采用，更多采用轴力大、刚度大、压缩变形小的钢筋混凝土支撑。而钢筋混凝土支撑由于自身材料特性，从开挖到支撑完毕时间过长，无法做到随挖随撑的效果。

基于超深基坑变形控制需求，工程引入滑降式快速预支撑体系进行提

前主动支护。该体系借鉴了基坑施工领域的伺服钢支撑技术和建筑施工领域的滑模技术，并将两者进行创新融合，为实现基坑开挖临时支护机械流水化作业奠定了基础。

滑降式快速预支撑体系由四大模块组成，分别为钢框架支撑模块、千斤顶液压伺服系统模块、竖向滑降系统模块及控制监测模块。

通过钢框架支撑模块（包括钢围檩和斜撑），配合千斤顶液压伺服系统模块（包括液压泵站、液压油缸、油管和液压控制系统）实现主动支护，有效控制或减缓钢筋混凝土支撑施工期间的基坑变形。

同时，钢框架支撑模块可用作支撑底模，省去了普通素砼底模的工作量，提高施工速度。通过竖向滑降系统模块（包括卷扬机、卷扬机固定梁和卷扬机控制系统）可以在钢筋混凝土支撑形成强度后，将钢框架支撑模块快速下放至下一层开挖作业面，尽可能减少基坑无支护暴露时间。此外，通过在钢框架外侧设置翼板和斜撑，可以适应不同截面尺寸的钢筋混凝土支撑施工需要，控制钢框架支撑总重。

通过体系的控制监测模块，控制预加顶力在钢筋混凝土支撑最大轴力的百分比，达到最优支撑效果。同时，实现体系滑降过程中超过规定限值时报警自锁，防止滑降过速、坠落等风险发生。

1.3 工程应用情况

该技术应用于上海机场联络线4标华泾站四区基坑。四区基坑为盾构接收井，基坑外包尺寸27.5m×30m（长×宽），最大开挖深度约42.95m，坑底纵向设置2‰斜坡。围护结构采用“1.2m厚地下连续墙+两侧水泥搅拌桩槽壁”加固的形式，地下连续墙深度107.5m，接头形式为套铣接头，槽壁加固桩长25m，桩径850mm，桩心距600mm；内支撑为全钢筋混凝土支撑，从上至下共设置9道，其中第7、8道为留撑。地下连续墙墙缝处设置墙缝止水，桩径2200mm，采用N-Jet工法（超高压喷射搅拌成桩工法）全圆加固。墙缝止水桩顶标高为-19.300m，竖向与槽壁加固搭接1m，桩长至墙底。墙缝止水有效直径与铣接头接缝搭接长度需大于600mm。

该体系的应用极大地缩短了工期，根据统计分析，每层混凝土支撑施工平均用时不到10天。整个体系从当前层下降至下一层开挖面并形成支撑效应仅需4小时左右，极大限度地减少了无支撑暴露时间。较传统的钢支撑更快，能够及时地对围护结构形成支护，混凝土支撑施工完成后，等待养护的时间缩短，向下进行土方开挖，节省了工期。

预支撑体系的应用减少了混凝土支撑施工期间围护结构的水平位移约30%，减少了对周边环境的影响，保障基坑施工过程中周边环境安全。

由于混凝土支撑施工前预支撑已经及时形成，常规的支撑下方土体加固可以取消，钢框架圈梁可兼作混凝土支撑底模，省去了普通素混凝土底模的工作量，节约了成本，同时也简化了工序，提高了施工速度。

1.4 社会、环境和经济效益分析

通过该技术的应用，对机场线4标4区基坑明挖顺作法施工进行了优化，达到了理想的变形控制效果，取得良好的经济、环境和社会效益，对以后同类型深基坑开挖具有借鉴、推广价值。

1.5 推广前景

该技术克服了深基坑明挖顺作法下变形控制的重难点，适用于同类型工程。

2 工程案例

2.1 工程概况

施工内容为华泾站主体结构，华泾站主体规模为562.3m×34.5m（内净），围护结构采用地下连续墙，最深达107.5m；基坑总开挖面积约18000m^2，最大开挖深度达44m，土方开挖量达722473m^3，站台中心处顶板覆土约3m，底板埋深38~44m，站中心轨面标高为-30.275m。案例工程BIM模型图见图1。

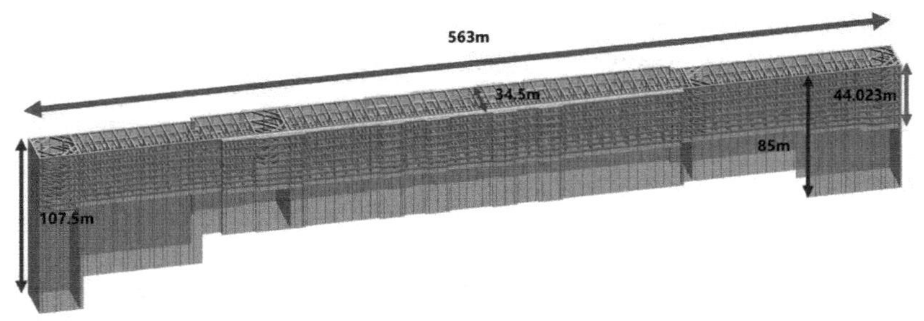

图1　工程BIM模型图

2.2　工程重难点

该工程施工特点、难点可总结为“三超”。

地下连续墙垂直精度要求1/1000，成槽稳定性控制难度高。在上海市轨道交通中首次实现百米级突破超深地下连续墙，地下连续墙施工时163t重，超长、超重钢筋笼吊装风险大、对接难度大、耗时长。

超长时间降水。项目83m深降水井，成井时间长，质量管控难度大，水位恢复速率快，降水运行风险高。超长时间降9层水风险大。西端头井距离15号线景洪路运营区间最近仅60m。为隔断9层水，减少基坑开挖坑内降水引起的周边环境不均匀沉降，实现封闭降水。

超大基坑施工。基坑开挖面积约18000m²，相当于43个篮球场大小。最大开挖深度达44m，相当于14层楼。围护结构地下连续墙最深达107.5m。

2.3　取得的社会、经济、环境效益

该项目通过深基坑滑降式快速预支撑体系绿色技术的应用，以及水循环系统应用、节水节电设备的应用、喷淋降尘系统应用、BIM技术和信息技术的应用等，全方面推行绿色施工，在项目施工全过程中，充分发挥了绿色施工的优势，促使项目更加科学、合理、高效地组织工程建设各环节，以创新管理方法、优化流程、提高效率的精细化管理，取代单纯依靠生产要素投入为特征的粗放式管理，使项目实现了经济、社会及环境效益

三者的有机统一，增进了企业的综合效益，节约施工成本约1%。

2.4 示范和推广意义

该项目技术实用性强，为推动绿色建造施工的发展和推广提供了宝贵经验及推广意义。

案例2 上海轨道交通市域线机场联络线工程（西段）JCXSG-3标

摘要：本案例基于上海轨道交通市域线机场联络线工程（西段）JCXSG-3标绿色工地建造技术在工程全过程中的应用，从地基加固、基坑开挖、结构施工，以及盾构施工的各道工序中进行实践总结。结构施工过程中，尽可能地采取各项资源节约与循环利用措施。盾构施工过程中，工厂化预制件提高了施工效率，减少了现场施工投入，也大大减少了现场湿作业和露天作业。整体的绿色工地建造技术避免了大量的扬尘、噪声环境污染，减少了材料浪费，产生了较好的环境、经济、社会效益。

关键词：绿色工地建造，环境保护，资源节约，循环利用

1 上海轨道交通市域线机场联络线工程（西段）JCXSG-3标绿色工地建造技术

1.1 技术类别

资源节约与循环利用（材料节约、材料循环再利用、建筑垃圾减量化和循环利用、水资源节约与循环利用、能源高效利用等）。

1.2 技术的形成及适用条件和范围

该技术适用于基坑开挖工程以及泥水气平衡盾构施工工程。

1.3 绿色低碳方面的主要创新点和实施效果

该技术从地基加固、基坑开挖、结构施工，以及盾构施工的各道工序

中进行实践总结。结构施工过程中，尽可能地采取各项资源节约与循环利用措施。盾构施工过程中，工厂化预制件提高了施工效率，减少了现场施工投入，大大减少了现场湿作业和露天作业。

1.4 工程应用情况

应用于深基坑开挖施工以及大直径泥水盾构施工。

1.5 社会、环境和经济效益分析

该工程整体的绿色工地建造技术避免了大量的扬尘、噪声环境污染，减少了材料浪费，产生了较好的环境、经济、社会效益。

2 工程案例

2.1 工程概况

上海轨道交通市域线机场联络线是上海市东西主轴内的市域快速通道，线路经闵行区、徐汇区和浦东新区，主要连接虹桥枢纽、华泾片区、三林片区、张江科学城、迪士尼度假区、浦东机场、上海东站等重要节点(见图1)。上海轨道交通市域线机场联络线主要承担两机场间及城市内市域客流，并兼顾浦东新区与长三角近沪地区之间的城际客流，是浦东衔接上海市对外主要铁路客运通道的重要联络线，对于加强城市轨道交通网络与铁路、航空枢纽的衔接，增强主要综合交通枢纽对长三角区域的服务功能具有重要意义。

图1 上海轨道交通市域线机场联络线总体平面

该工程施工内容为梅富路盾构始发井（两侧端头井 25×25m，深 36.3m，标准段 78m×15m，深 33.5～33.7m）、3#风井（30m×25m，深 33.7m）结构施工，梅富路工作井 3#风井～2#风井区间盾构隧道（含进出洞加固）施工，共 5685m，华泾站—梅富路工作井区间盾构隧道（含进出洞加固）施工，共 2170m。两区间隧道均采用 Φ14.07m 泥水气平衡盾构机进行施工，管片外径 13.6m，内径 12.5m，隧道内采用单洞双线形式。

2.2 工程特点、重点、难点

2.2.1 高压线缆下方施工

该工程 3#风井基坑处于 220kV 高压线缆下方，高压线净空 20m，根据电力公司要求，必须保持 6m 的垂直安全距离，即围护结构和基坑施工时高压线缆下方施工设备净空需限制高度（见图 2）。

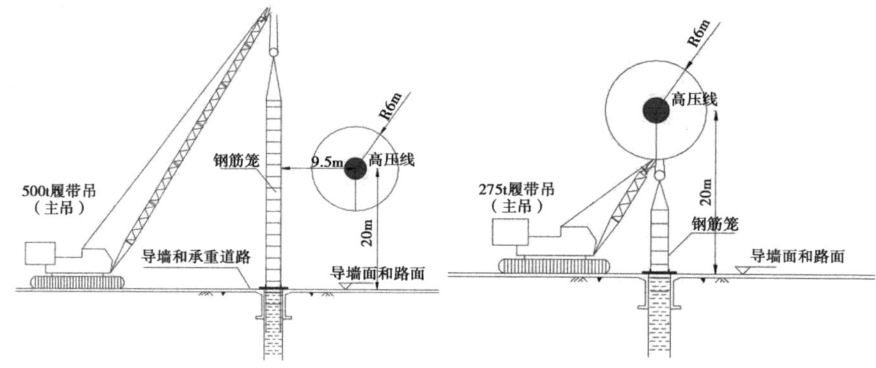

图 2　钢筋笼吊装示意图

3#风井围护结构地下连续墙深 60m，基坑深 33.7m，作业时必须控制设备高度。

2.2.2 盾构小半径曲线段施工

盾构掘进段平面圆曲线最小半径为 520m，曲线段的掘进施工易引起管片环高差增大、隧道侧向位移、管片磨损盾尾、盾尾间隙不均造成渗漏、车架擦碰管片内弧面等问题。

2.2.3 盾构近距离穿越重要建（构）筑物

隧道沿线需穿越轨道交通 5 号线、15 号线、规划 19 号线区间隧道、

S4沪金高速公路、闵行区工程质监站等重要建筑物及春申塘区间原水管，一旦出现沉降超标，将危及建（构）筑物及管线安全。

2.2.4 隧道内部结构施工困难

隧道内部结构的拼装空间狭小，构件接头的强度与精度要求高。

2.3 绿色科技创新与应用

2.3.1 国产盾构设计

采用和吸收了世界上各类盾构最新技术，选用先进的设备配置，自主研发生产机场线3标采用的14.07m泥水平衡盾构掘进机，满足该工程的工况和地质条件掘进施工（见图3）。

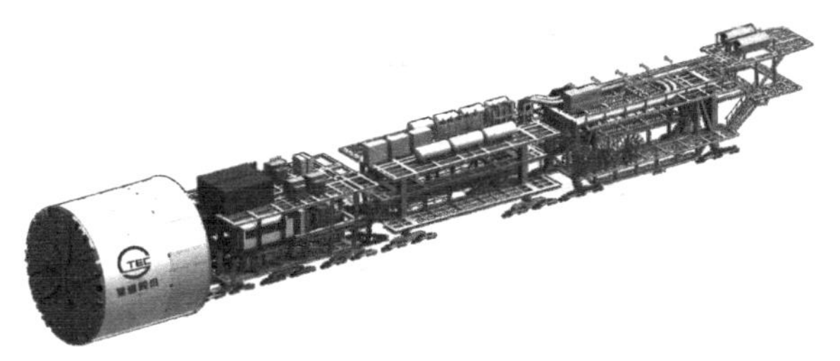

图3 机场线3标盾构示意图

2.3.2 隧道内部结构施工

隧道内部结构施工采用全预制拼装施工，隧道内部中隔墙、弧形构件、顶部连接件、疏散平台等均采用预制结构。

2.3.3 地下连续墙成套施工技术

该本工程梅富路工作井地下连续墙施工深度66m，为超深地下连续墙，易发生地连墙成槽时失稳，降低地下连续墙的施工效率和质量。为此，创新性地采用地下连续墙高效成套施工技术，开发工字钢接头填充预挖区，使用新型可侧向剥离的接头装置和新型泥浆囊替代或减少回填袋装土；在送浆管路上安装开发泥浆输送流量监测仪，以实现泥浆流量和泥浆指标的实时监控；对超长超重钢筋笼吊装过程受力分析研究，实现超长超重钢筋笼安全和效率双控。在钢筋笼上外侧研究应用防水膜，防止外侧土体侵入。由此形成一整套地下连续墙高效施工技术，提高施工效率，保证地下连续墙施工质量。

2.3.4 优化降水方案

对降水方案进行优化，避免超量降水引起工地周围地面的沉降与扰动。现场需要做到“按需抽水”，在降水运行过程中随开挖深度加大逐步降低承压水头，做到动态控制，既减少了抽水量，又避免过早抽水减压（见图4）。

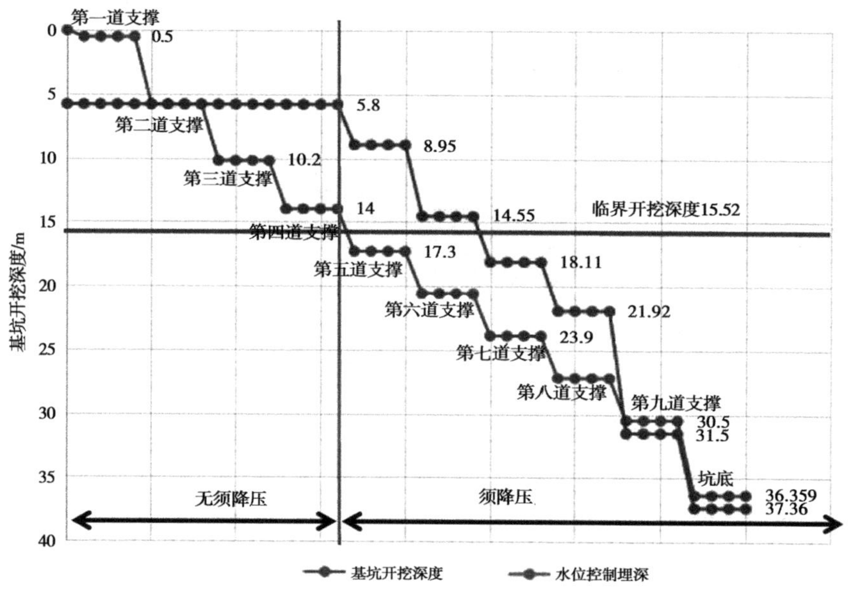

图4　优化后基坑减压降水运行开挖深度与安全水位埋深控制关系图

2.3.5 BIM 技术应用

选择模型构件可以实时查看与现场实际构件一致的施工记录，包括数据统计信息、分部分项、项目方案、各构件信息及实施状态。通过平台项目概况界面，了解项目基本情况，并根据数据统计信息及构建信息提升项目控制能力，实现了项目现场的精细化管理。

3 取得的社会、经济、环境效益

3.1 绿色建造过程绿色发展

研究开发优化设计软件并积极开展优化设计，以使工程结构真正达到“安全、提高工效、减低成本”等。

建造过程以资源的高效利用为核心，建立一种可持续发展的、建造方法不断提升的建造方向。建造过程中不断采用优化设计和施工方案，减少建筑垃圾。加强材料循环利用。保护生态环境，减少对人类健康和环境的危害。施工实施过程节能降耗、低碳发展。

3.2 绿色建造过程施工成效

截至2023年1月，总能耗折合每万元产值消耗标准煤节约36.4%，节约用电38.8%，节约柴油24.7%，节约钢筋32.8%、商品混凝土（地墙）32.6%、商品混凝土（结构）36.1%。

4 示范和推广意义

该研究成果在上海轨道交通市域线机场联络线工程（西段）JCXSG-3标得到推广和应用。从地基加固、基坑开挖、结构施工，以及盾构施工的各道工序中进行实践总结。施工过程中，采取各项资源节约与循环利用措施。盾构施工过程中，工厂化预制件提高了施工效率，减少了现场施工投入，也大大减少了现场湿作业和露天作业。整体的绿色工地建造技术避免了大量的扬尘、噪声环境污染，减少了材料浪费，产生了较好的环境、经济、社会效益。

六 市政工程

案例 1　硬 X 射线自由电子激光装置工程

摘要：坚持节约资源能源、环境保护理念，深入贯彻上海市建设工程安全质量监督总站、上海市建筑施工行业协会隧道股份创建要求，推行绿色施工，围绕创建绿色建造施工工地目标，不断改进，为公司发展作出贡献。贯彻节约资源和保护环境基本国策，遵守国家法律法规，实施绿色施工，节约资源能源，减少施工对环境的负面影响，实现“四节一环保”目标。

关键词：节能环保，人员安全，健康管理，施工管理创新

1　硬 X 射线自由电子激光装置项目绿色技术

1.1　适用领域

适用于上海地区地下空间及房建综合类项目。

1.2　绿色低碳方面的主要创新点和实施效果

采取措施优化挖土方案，通过优化挖土顺序和取土位置，采取大小挖机配合协同施工等，减少了驳运环节和驳运距离。合理选择挖机等设备，各单体基坑土方开挖时，根据基坑不同深度选择配置挖土机械，提高了机械的使用率。

通过优化各工序施工材料管理，在保证施工质量的前提下，减少各类原材材料的使用，节能减排。

合理利用空间土地资源，减少土地资源浪费。

1.3 工程应用情况

此项技术应用于上海硬X射线自由电子激光装置项目。

1.4 推广前景

申报专利2项，发表论文9篇，可为同类工程设计及施工提供借鉴。

2 工程案例

2.1 工程概况

硬X射线自由电子激光装置工程项目2标、4标主要包含四号井和四号井基地、五号井和五号井基地、三号井—四号井区间隧道以及四号井—五号井区间隧道。

四号井基地位于中国科学院高等研究地块内，偏于西侧紧邻集慧路。基地由1#安装大厅（2层）、2#公共设施（2层）、3#门卫（1层）、4#围墙组成。总建筑面积22832.08m^2。

平面布置图详见图1。

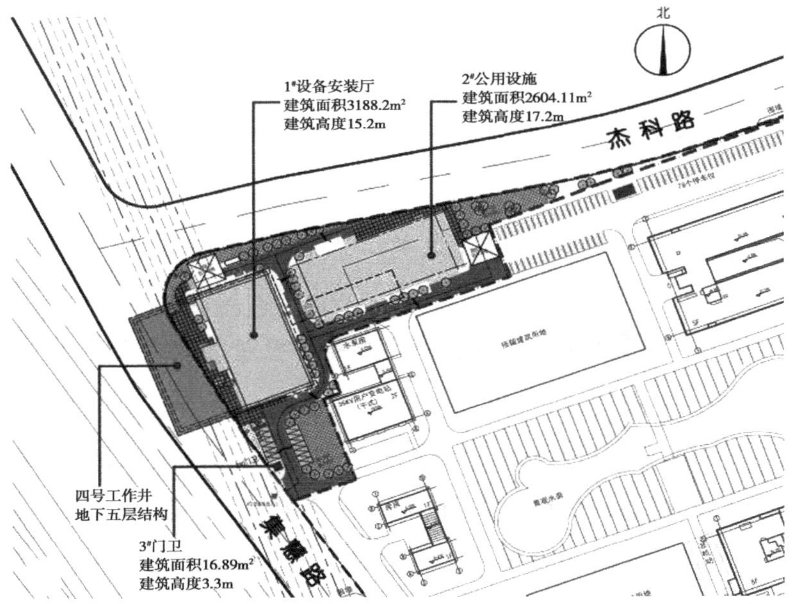

图1 四号井基地平面图

五号井基地位于集慧路西侧，三八河东侧。基地由1#科研大楼（4层）、2#公共设施（2层）、3#35kV变电站（1层）、4#门卫组成。总建筑面积51890m²。

五号井基地平面布置图详见图2。

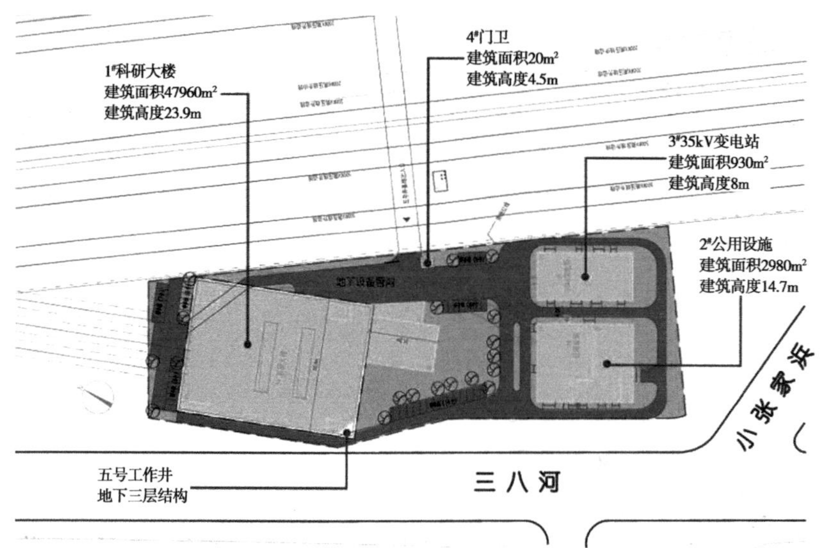

图2　五号井基地平面图

三号井—四号井—五号井区间均由3条平行隧道组成，隧道采用外径6600mm、内径5900mm管片。三号井—四号井—五号井区间隧道均采用3台盾构，3台盾构分别按西线、东线、中线的顺序由四号井开始分别向三号井、五号井推进。四号井—三号井区间主要是设置光束线设备等，隧道长为205m。四号井—五号井区间主要是设置超长光束线设备，隧道长为760m。

区间设计范围：四号井—五号井（单线长760m，分左、中、右三线，三线总长2280m），区间采用盾构法施工。3条盾构线路均以直线从四号井始发直达五号井，区间线路主要位于集慧路西侧与三八河东侧绿化带内，周边既有的建筑物以零星分布的高压铁塔及四号井东侧的高研院变电所及水泵房为主。区间隧道还将下穿13号线主线、出场线，下穿韩家宅河以及在四号井附近下穿集慧路（见图3）。

图3　四号井—五号井区间线路及周边环境图

四号井—五号井区间线间距均为4m，区间三线隧道线路均采用直线微下坡，隧道纵坡0.018%，隧道拱顶埋深为29.7～32.5m。该区段隧道主要穿越土层为黏质粉土夹粉质黏土、粉质黏土。

四号井—三号井（单线长205m，分左、中、右三线，三线总长615m），区间采用盾构法施工。区间线路自四号井小里程端出发，在K1+955—K2+030处下穿川杨河，穿越长度约50m，下穿处河面宽度约45m，之后盾构区间到达三号井。接收井紧邻川杨河，位于毕升路转角处（见图4）。

图4　四号井—三号井区间线路及周边环境图

区间线路主要位于毕升路南侧及杰科路北侧的绿化带及川杨河下方，线路周边无地面建筑物。区间隧道主要控制点为穿越川杨河及其驳岸。区间隧道左、中、右线均为3条平行的单线隧道，每条线间距均为4m。三线隧道平面均为直线。区间三线隧道线路均采用直线微下坡，隧道纵坡0.01%，隧道拱顶埋深为23.6m~30.2m。该区段隧道主要穿越土层为黏质粉土夹粉质黏土、粉质黏土。

2.2　工程特点、重点、难点

工作井和基地工程重难点及该工程主要的特点、难点、应对措施，见表1。

表1　工程特点、难点和针对性措施一览表

序号	工程难点	工况描述
1	86m特深地墙施工难度大。	（1）垂直度要求1/1000。 （2）铣接头，要求无渗漏。
2	超长、超重钢筋笼吊装难度大。	（1）钢筋笼超长，无法整幅吊装。 （2）钢筋笼超重，吊车吨位大。 （3）钢筋笼主筋密集。 （4）钢筋笼超长、超重吊装安全风险较大。

续 表

序号	工程难点	工况描述
3	施工效率和工期控制难度大。	(1) 施工场地狭小，但受限于工期短。 (2) 泥浆废弃量大，泥浆处理遇到阻碍时，对工期影响大。
4	围护止水采用 70m 超深 TRD，厚度 900mm。	超深 TRD 对施工对施工人员及施工设备要求高。
5	抗拔桩最深达 90m，且地形复杂，要求高。	抗拔桩设计桩径 Φ1000，长径比大，钻孔垂直度要求高，且地层复杂，施工过程中遇有较厚的黏泥质黏土和砂层，钻孔施工难度极大。
6	钢管桩长度 42m，施工难度大。	钢立柱长度 42m，重量大，垂直度要求高，吊装难度大。
7	超深基坑开挖时，承压水治理难度大。	工作井基坑范围的承压含水层为 7-2、8-21、9 层。其中 7、8-21 层承压水被地墙隔断；9 层承压水含水层未被地墙隔断，对周边环境影响较大。
8	深基坑施工挖土效率低、风险性大、挖土困难。	工作井最大开挖深度达 39.5m，出土效率低，土质差，降水困难；深基坑坍塌风险大。
9	超深、超长混凝土浇筑要求高。	(1) 86m 特深地墙混凝土的水下抗分散、离析性能要求极高。 (2) 深度 39.5m 超深工作井基坑超出常规汽车泵的泵送扬程，且向下垂直泵送极易导致混凝土离析、沉降。 (3) 底板厚度 1.8m，属于大体积混凝土，易产生温度应力裂缝及收缩裂缝。
10	靠高压线塔保护性施工措施。	500kV 高压线塔距基坑最小距离为 97m，高压线距离基坑最小距离 16m。
11	基坑封底期间需降 9 层承压水。	工作井基坑 9 层承压水含水层未被地墙隔断，对周边环境影响较大。
12	结构防水施工。	工作井结构防水要求高。
13	周边建筑物距基坑较近，对基坑开挖存在影响。	高研院变电所及水泵房位于工作井东侧，距离工作井最近约 8.5m。

区间隧道工程重难点和该工程主要的特点、难点及应对措施，见表 2。

表2 工程特点、难点和针对性措施一览表

序号	工程特点	工况描述	应对措施
1	对隧道轴线施工精度、管片沉降变形及渗漏水要求高。	根据设计要求，对隧道轴线控制及后期管片沉降变形要求高，且隧道防水等级为一级，隧道不允许渗漏水，隧道内表面无湿迹。	(1) 盾构推进采用我公司自主研发的STEC自动测量导向系统，可对盾构推进轴线进行实时监控，同时定期人工复测复核测量数据； (2) 加强掘进参数管理，不断优化参数； (3) 加强隧道内变形沉降监测，并根据沉降数据及时进行管片二次注浆，加快沉降趋于收敛； (4) 加强管片生产质量监控，杜绝贯通裂缝，做好结构自防水； (5) 严控管片涂料制作质量； (6) 提高管片拼装质量，严控管片正圆度、环高差等质量。
2	深覆土盾构进出洞及掘进。	该区间隧道进出洞埋深约30m，区间平均覆土约30m，属于深埋隧道。	(1) 严格控制水泥系地基加固质量，合理布置降水井； (2) 始发采用止水箱体、到达安装钢套筒； (3) 选用合适的盾构机； (4) 合理设定盾构机掘进参数； (5) 改进垂直运输行车。
3	区间隧道测量难度大。	盾构始发井吊装孔尺寸小、深度大，传统的平面联系测量方法已无法满足相关的精度要求。	(1) 采用高精度陀螺经纬仪、铅垂仪进行联合定向； (2) 对深化几何定向法进行优化。

2.3 新技术应用

2.3.1 栈桥设置

基坑上方设置12m宽栈桥板，在基坑开挖过程中，挖土设备不占用场内道路资源，解决了场内道路紧张（见图5）。

图5　栈桥设置图

2.3.2 大型 TRD 设备研发

针对该项目 70m 超深，0.9m 厚的 TRD（深层地下水泥土连续墙工法）止水帷幕，从施工工艺设备的选型上，与工厂联合研发纯电动力 TRD-80E，最大施工深度可达 86m。设备实现与 TRD-D 型柴油发动机动力柜互换通用，进一步提高产品的施工适应性，继续保持噪声低、节能环保效果好的优点。

2.3.3 地下连续墙施工技术

该项目地下连续墙深 86m，厚 1.2m，槽段间采用套铣接头，一期槽段长度 6.6m，二期槽段 2.8m，一二期槽段搭接宽度为 30cm。坑内降水试验及开挖效果表明，地下连续墙止水效果良好，在两墙间抽水，坑内水位基本无变化。开挖期间坑内基本无渗漏。在具体的施工过程中，本着绿色建造施工的理念，泥浆采用桶式储存仓、泥浆池采用拼装式全封闭防护棚、废弃泥浆通过压滤系统压成泥皮后外运、软件模钢筋笼受力、优化吊点等一系列措施节约资源，减少对环境的影响。全过程实时监控，发现问题第一时间处理。

2.3.4 灌注桩后注浆技术

该工程桩基础采用扩孔灌注桩，水下灌注混凝土。为了提高桩基的承载力和控制桩基沉降与整体沉降协调，采用灌注桩后压浆工艺。

2.3.5 封闭降水及水收集综合利用技术

四号井地下连续墙插入9层，开挖深度范围完全隔断。坑底以上进行疏干降水，坑底以下对7层、8层、9层进行减压降水。疏干井抽出的水可以用作支撑养护，承压水集中采用集水坑收集，作为冲洗场地用水。

降水施工为保证按需降水，节约地下水资源，联合上海广联环境岩土工程股份有限公司设计研发了4个系统：是无线远程化水位测量系统，通过井点内置的水位传感器自动智能测量，并通过无线通信模块传输测量数据至服务器，而后发送数据至客户端，大大提高了水位测量效率；二是工程降水智能预警系统，在“测量系统”获得数据的前提下，进一步通过水位监控传感器分析数据对比预设水位，从而在异常状态时（如泵坏、断电）发出声、光警示，并警示降水控制中心迅速采取应对措施；三是备用电源智能应急系统，当市电发生异常断电时，30s内切换至备用电源供电，并启动抽水设备正常运行，当市电修复供电后，10s内切换至市电，并切断备用电源供电，以保证抽水井持续作业；四是水位–减压井智能控制系统，根据“随挖随抽，按需抽水”的降水方针，不同阶段通过预先编程的控制器自动读取水位测量数据，智能启动相应的抽水设备，保证抽水需要(见图6至图9)。

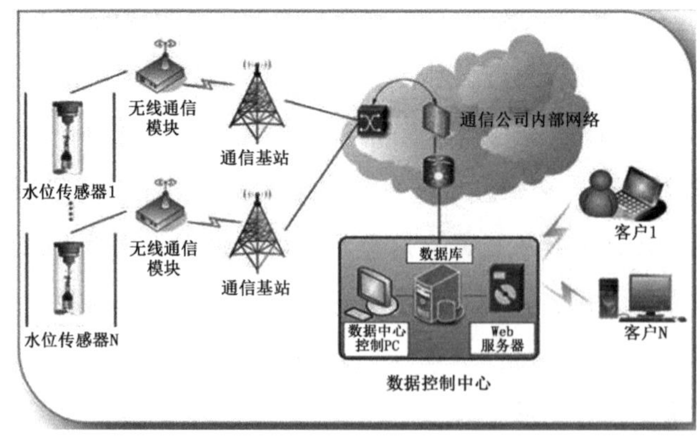

图6　无线远程化水位监控系统

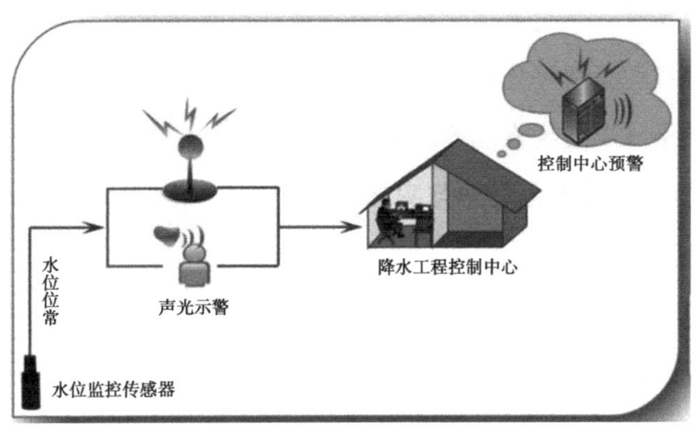

图 7　工程降水智能预警系统

图 8　水位自动化监测显示屏

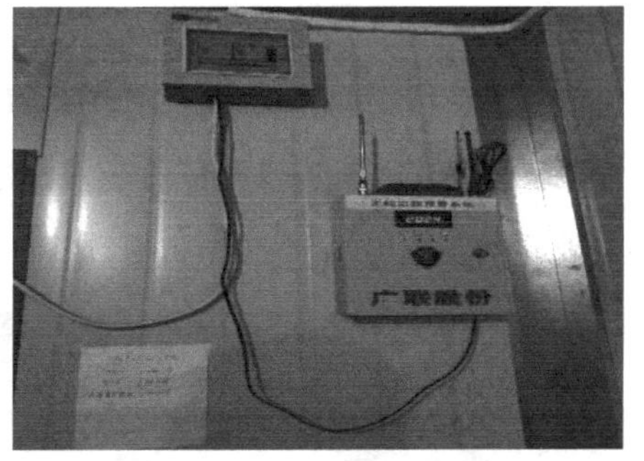

图 9　远程水位监测 App

2.3.6 深基坑施工监测技术

根据该工程特点及地质条件，将距离基坑边线 2 倍开挖深度范围内作为监测重点关注范围，将 2~3 倍开挖深度范围内的重要建（构）筑物作为重点监测对象，主要涉及基坑本体（支护结构本身）及周边环境（周边地表、周边管线及周边建筑物）。

2.3.7 叠合剪力墙结构技术

该工程地下连续墙作为永久结构的外墙，与内衬墙通过接驳器连接，两墙合一，形成叠合剪力墙结构。

2.3.8 基于 BIM 的现场施工管理信息技术

应用三维建模和建筑信息模型 BIM 技术来实现混凝土、砌体、基础等部分的自动算量。通过对周边环境、场地进行建模提前模拟施工工艺，能尽早发现后续施工中可能出现的问题，加以解决。同时应用三维建模和进度信息使整个施工进度直观可视化。

2.4 施工管理创新技术与实施

2.4.1 工程管控 App

通过对现场技术进行信息化管理，增强工地的质量管理、安全管理、进度管理等方面的管理力度，加强各方面技术人员之间的交流和沟通。确保技术问题落实到各个方面，保证施工质量。实行移动端实时采集并录入系统，省去纸质填写过程，更全面、便捷地收集工程信息并方便后期施工信息查找。

2.4.2 施工风险管控措施

针对深基坑工程施工中的存在的各种风险，自行研发了“深基坑工程管控平台”，对基坑监测信息采用标准化的数据采集、可视化的数据展现、专业化的数据分析、系统化的数据推送，实现项目风险预警（见图 10）。

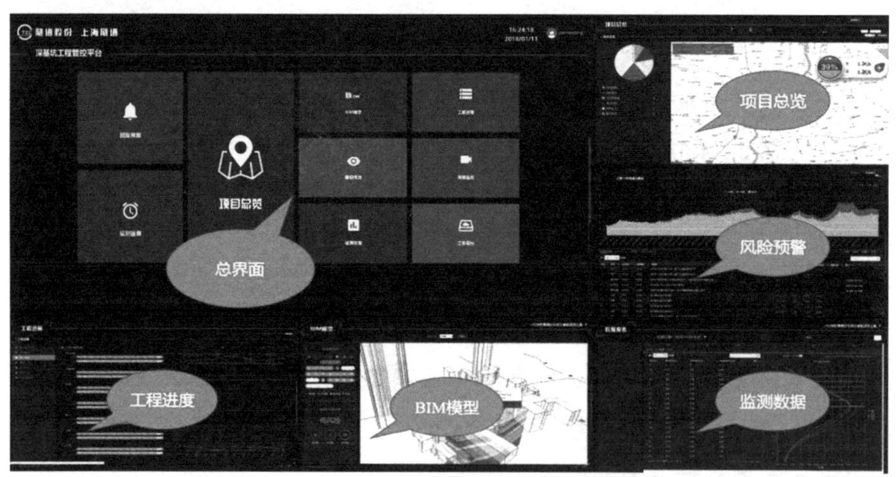

图 10 管控平台界面

深基坑工程管控平台系统架构主要由风险标准、监测数据、工况信息、测点信息、BIM 模型组成。

监测数据上传后采用专业的算法进行分析，预警算法分为 11 类风险监测类型，总算法有70条；现阶段，平台中涵盖了8大类风险监测类型，共包括55条算法。目前以上海轨道交通14号线、15号线、18号线等在建项目为基础，建立“测试工程”，经过多次反演推算，确保算法的运行结果准确。

2.4.3 模板支架体系计算软件

自主研发了模板支架体系计算软件，通过导入断面图→修改结构尺寸→修改材料参数，通过软件直接得出计算结果、生成图纸、生成方案和计算书，避免由模板支架体系方案编制错误导致的现场安全风险（见图11、图12）。

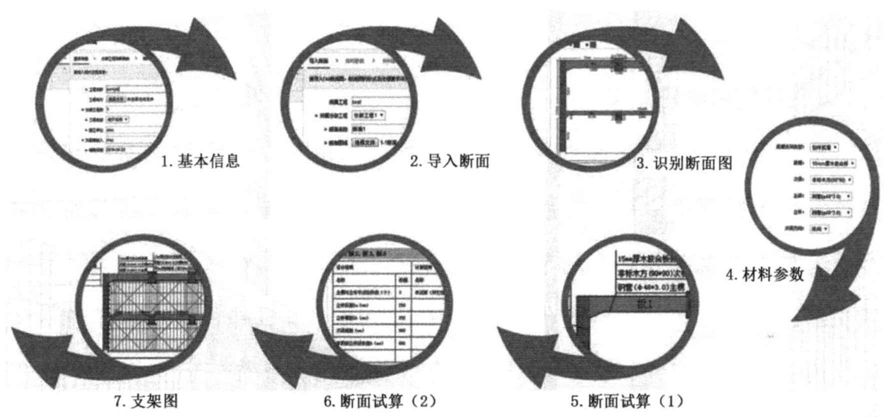

图11　模板支架体系软件使用流程

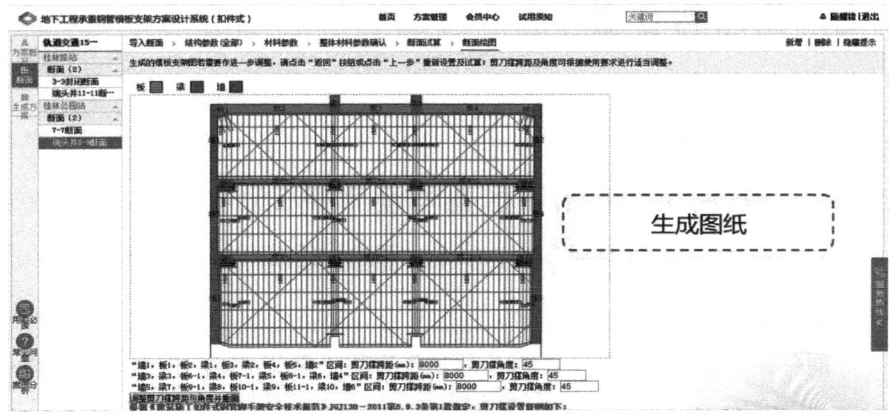

图12　计算软件方案生成

3 社会、经济、环境效益

绿色施工的策划与实施，降低了工程成本、缩短了工期，经济效益明显。经测算，实施绿色施工的经济效益如下（暂不考虑超低能耗建筑降低的运行成本）。

围护施工阶段水耗高，施工挖土结束后现场无大规模用水。之后项目每月用水量控制在 3000m^3 以内，可以确保项目完成时节约 20%用水量。钢材比定额损耗率降低 34%、混凝土比定额损耗率降低 42.8%，地下连续墙、灌注桩混凝土比定额损耗降低 56.6%；油耗指标比定额损耗率降低 10%。

4 示范和推广意义

项目所使用的新技术均具备良好的推广应用价值，通过此次绿色施工科技示范工程创优活动，在履约过程中强化了绿色施工理念，将日常工作与绿色施工有机结合，小到节约用水用电，大到采用科技创新技术节约国家资源，再到与设计师沟通优化绿色建筑设计，项目部将绿色施工作为该工程的重要目标，并取得了良好的社会效益与经济效益。

七 钢结构住宅

案例 1 浦东新区惠南新市镇 25 号单元（宣桥）05-02 地块项目

摘要：以钢结构住宅——浦东新区惠南新市镇 25 号单元（宣桥）05-02 地块项目工程为研究对象，使用案例分析的方法，对该工程中使用的绿色建造技术、可周转性材料、节能机械设备进行研究，并对绿色建造技术应用效果及经济社会效益进行分析，总结了推广绿色建造的重要意义。

关键词： 钢结构住宅，PCTF 装配式体系，无脚手施工

1 工程概况及案例背景

浦东新区惠南新市镇 25 号单元（宣桥）05-02 地块项目工程（见图 1）位于南六公路东侧、项文路南侧、宣乐路西侧、05-05 地块北侧，基地西侧沿南六公路一侧边长约 230m，北侧沿项文路一侧边长约 660m，东侧沿宣乐路一侧边长约 345m，总用地 134715.1m^2。

16 栋地上 14 层结构、9 栋地上 8 层结构、31 栋地上 3 层及 4 层结构，外墙为“预制保温叠合外挂墙板（PCTF）+内墙为预制剪力墙（PC）”体系，其中 14 层与 8 层结构 3 层及以上均为标准层，3 层楼面为现浇砼楼层与预制装配式楼层分界面：1 层竖向结构为现浇结构，2 层水平向结构为预制结构，2 层以上均为预制结构。

图 1　项目效果

2 技术内容难点

2.1 钢结构住宅施工技术

4 号楼作为重点科研项目，采用钢结构预制装配式体系，工程钢总量为 800t。围护结构为混凝土 PC（聚合物混凝土）墙板，与钢梁通过调节螺栓连接；楼板为叠合板，楼板搭接至钢梁上翼缘，绑扎钢筋后现浇混凝

土。楼梯、阳台等均为预制构件。该工程是以钢结构为载体的预制装配式住宅工程。

2.2 预制装配式施工技术

PC构件数量多、图纸深化及构件质量管控要求高。该工程4号楼为预制夹心保温外挂墙板钢结构体系，也是由上海建工集团发挥全产业链优势，自行投资、开发、设计的首栋钢结构住宅装配式建筑。

其中PC预制构件以预制外墙、预制叠合板、预制阳台等预制构件为主，构件品种多样，钢结构以钢柱、钢梁为框架；施工相关深化节点较多，防渗漏水等对总承包商在预制构件深化能力、经验提出了要求。

2.3 高层住宅无脚手架施工技术

该工程PCTF（预制夹心保温装配式剪力墙）外墙板吊装前需要安装安全防护围挡，现场采用12#槽钢与PCTF外墙板连接，不同房型外墙板类型尺寸均不相同，连接点的确定、连接方式的选择均需要二次深化，并通过安全验算确保围护体系安全稳定。安全围挡同时根据不同外墙板尺寸进行加工。

2.4 剪力墙螺栓连接技术

该技术具有连接质量可靠、操作便捷、成本低廉等优点；连接部位形成柔性节点，经第三方实验验证，具有柔性节点的建筑物具有较刚性节点的建筑物更优的抗震性能。

3 技术成果

3.1 钢结构住宅施工技术

外墙板与主体创新干式连接，采用钢梁与预制混凝土夹心保温外墙之间的螺栓干式连接方式，无须再进行现浇或灌浆作业，大大加快了工程进度（见图2、图3）。

图2　钢结构外墙板连接节点处理1

图3　钢结构外墙板连接节点处理2

18号楼层高为3米，建筑高度为24.7米。该楼东立面运用了由上海建工工程总院与五建集团联合研发的“SPC200×2型装配式建筑防护与作业一体化升降平台”，又称钢升平台（见图4、图5）。

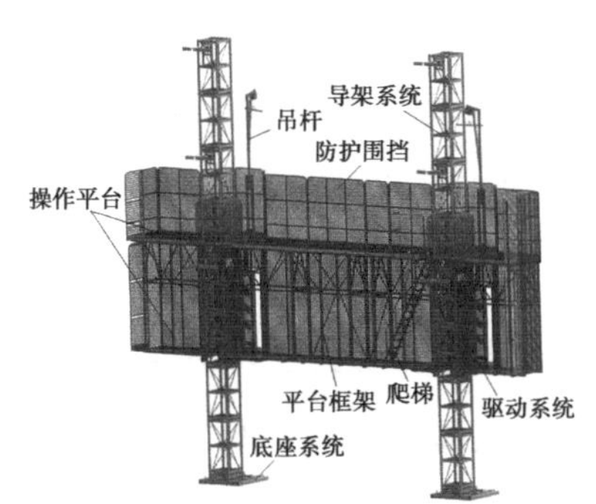

图4　钢升平台构成图

图5　钢升平台现场效果图

3.2　预制装配式施工技术

剪力墙内浇外挂（PCTF）装配式体系，保温、防潮防渗，具备连接可靠性与易操作性（见图6）。

针对PCTF装配式体系的研发应用，形成了“高层住宅装配整体式混凝土结构工程关键技术及应用”和“长效节能装配式建筑体系成套技术研究与应用”两项科技技术成果，并分别获得上海市科学技术奖一等奖和上海市浦东新区科学技术奖二等奖。

图6 PCTF 装配式体系

3.3 高层住宅无脚手架施工技术

该工程预制结构施工时利用外墙 PCTF 上竖向连接板对槽钢进行固定，将外墙工具化安全防护围挡固定在槽钢上，以形成施工层面上的安全封闭。工具化安全防护围挡进行专门的定制，具有施工便捷、安全美观的特点。

安全操作围挡是浦东新区惠南新市镇25号单元（宣桥）05-02地块项目结构施工中，外墙施工安全操作的围挡架，根据该工程1#至16#楼、26#至28#楼的特点，选用安全操作围挡，较为符合该工程的施工要求（见图7）。

图7 安装效果图

通过无脚手架施工技术，该项目实现了无外模板、无外粉刷施工，取消了传统施工中的外脚手，现场湿作业量大大减少，可以实现绿化、道路等室外总体与住宅同步施工，实现了真正意义上的花园式工地。

3.4 剪力墙螺栓连接技术

该工程首创预制剪力墙螺栓连接技术。安装时，下层墙板预留插筋伸入内墙预制板预留螺栓孔。从螺栓孔中灌入水泥砂浆灌浆料，随后通过螺栓固定，将剪力墙与结构连接成可靠的整体。经试验，螺栓剪力墙的抗弯承载力安全系数在 1.27~1.63 之间，破坏时试件所承受的剪力值达到抗剪承载力设计值的 1.14~1.43 倍，剪力墙的接缝也具有较高的抗剪安全性（见图 8、图 9）。

图 8　螺栓连接实物图

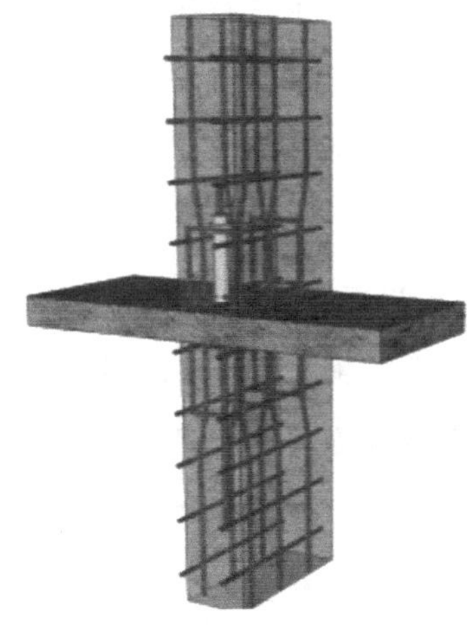

图 9　预制剪力墙竖向连接

4 创新点

钢结构住宅施工技术。住宅采用钢结构为框架，结合预制混凝土夹心保温外挂墙，为沪上首创，具有施工绿色环保、建造速度快、防渗水性能好等优点，预制率达到76%。

PCTF体系。该体系采用预制叠合保温外挂墙板技术，实现夹心无机保温与结构同寿命。门窗与外墙在工厂预制同步完成，外墙预制板连接采用三道防水工艺，杜绝了住宅外墙渗漏的通病。

剪力墙螺栓连接技术。该技术与传统套筒灌浆工艺相比，安全可靠、安装快捷、易于检测，并获得国家发明专利。

5 社会效益和经济价值

5.1 经济价值

该工程6栋单体全部获得上海市优质结构工程，4#钢结构住宅楼获得上海市建设工程金属结构（市优质工程）金钢奖，项目还获得了上海市规划建筑奖、上海市住宅产业化奖、上海市房型设计奖，被推荐为上海市建设工程绿色施工Ⅰ类工程等。

本案例对（宣桥）05-02地块项目采用的钢结构、预制装配式、无脚手架、剪力墙螺栓连接等施工技术进行研究，提高了现场施工水平。保证工程质量的同时，提高了施工效率，减少后期维护修缮费用，为企业创造了一定的经济价值，具有良好的经济效益。

5.2 社会效益

浦东新区宣桥镇根据2035年规划，将发展成为“长三角主题旅游目的地，上海品质生活小镇”，融入区域生态格局，打造绿色生态样板。本案例组织人员在项目上开展课题研究，保证了工程质量。同时，采用了预制装配式、高层住宅无脚手架、剪力墙螺栓连接等关键施工技术，为以后类似工程提供借鉴，具有广泛的社会效益。

案例 2　太仓悦欧 320518208605 号地块项目

摘要：在国家大力发展装配式建筑的政策指导下，钢结构建筑以其抗震、高效、节能环保等优势成为装配式建筑市场的主流，而钢结构住宅作为轻质高强、绿色环保的新型结构体系已被国家列为重点推广项目。与传统住宅相比，钢结构住宅无论在功能设计、施工以及综合经济效益等方面都有着巨大优势，具有结构占地面积小、空间利用率高、施工速度快、易改造、可回收、绿色环保等优点，有利于长期可持续发展，因此钢结构住宅成为住宅发展模式的必然趋势。

本案例所依托的工程——太仓悦欧钢结构住宅项目，作为国内首次大规模应用隐式框架-钢支撑结构的项目，在节点深化、构件安装、配套设备研究、绿色建造等方面进行了实践，通过绿色建造管理措施、构建绿色建造管理体系，完成了绿色建造目标，并取得了一定的社会和经济效益。

关键词：绿色建造，钢结构住宅

1　工程概况

太仓悦欧项目位于江苏省苏州市太仓市，总占地面积约 4.7 万平方米，总建筑面积约 14.8 万平方米，由 10 栋高层住宅楼、4 栋一层变电房，以及整体一层地下车库组成。上部主体结构采用隐式框架-钢支撑结构体系，框架柱采用钢柱，框架梁采用钢梁，2#住宅楼采用钢筋桁架楼承板。该工程采用的隐式框架-钢支撑结构，属于国内首次大规模应用。

2　工程特点难点

2.1　钢结构、预制板墙深化工作量大，构件运输、吊装、堆场管理要求高

该工程钢结构体量大，地下室为劲性结构，地上为钢框架结构，且包

含预制板墙，故前期图纸深化工作繁重，也对钢构件和预制构件的运输、吊装、现场堆放位置及堆放顺序有较高要求，如何合理进行场地布置、有效利用现场施工场地，是该工程施工的关键之一。

2.2　钢框架结构施工难度大、安装精度要求高

该工程地下室钢柱、部分钢梁为劲性结构，上部结构为钢框架结构（钢管混凝土柱+型钢梁），故在施工前对钢结构进行钢柱吊重分析、确定钢柱分段、选定塔吊型号及位置是工程的难点之一。

上部结构钢结构量较多，钢结构施工过程中如何控制好各项技术参数，使之符合规范要求，如何合理安排吊装顺序，如何在满足质量要求的前提下提高施工效率，是需要重点考虑的难点之一。

因构件截面小、壁厚薄、稳定性差，且受风荷载影响大，安装过程中钢柱自身摆动大，安装精度难以控制，构件在未形成稳定体系前容易自行偏位。此外，因现场受制于钢柱过密及后续钢梁吊装、钢柱安装就位后，按图纸要求及常规方案采用缆风绳固定难以实现。

2.3　钢柱混凝土灌芯施工难度大

钢柱安装高度9米，平面几何尺寸狭小且壁厚较薄，于柱梁、柱撑及钢柱内部补强衬板复杂，混凝土在施工和养护过程中易因钢柱梁节点衬板复杂、衬板排气孔设置不合理、混凝土配合比设计以及养护方式选用不合理等因素影响其成型质量。

2.4　装配式钢结构住宅装饰装修节点复杂

相较于传统混凝土住宅，装配式钢结构住宅钢柱节点相对复杂，不同材料的饰面层如何有效黏结，砌体如何与钢结构有效固定，外围护体系如何有效防开裂防渗漏都是需要关注的重点。

3　核心创新技术

3.1　钢结构薄壁墙柱结构数字化深化设计及加工技术

针对薄壁柔性体系中柱梁节点复杂、补强难度大、构件对接接触面不

足、变截面构件对接加固以及地下室中钢结构与钢筋碰撞等问题，运用专业设计软件进行结构深化设计，通过对增加柱端板、柱梁节点贴板以及扁柱局部插板等节点设计的三维模型，对每一根钢柱周围的钢筋进行放样以解决碰撞问题；预先建立多个梁柱、柱撑节点类型以供选用；利用数字化深化设计，对构件的加工工厂进行深度指导，一方面保证了加工精度，另一方面也减少了工厂加工返工及现场补救，既有利于工期的节约，又降低了不必要的损耗（见图1至图4）。

利用图纸与模型的关联性以应对施工过程中的设计变更情况，可有效节省人工比对变更的时间，增加了变更作业的便利性及顺畅度。三维模型的搭建、节点的处理方式等对后期项目的施工起到一定的借鉴意义。

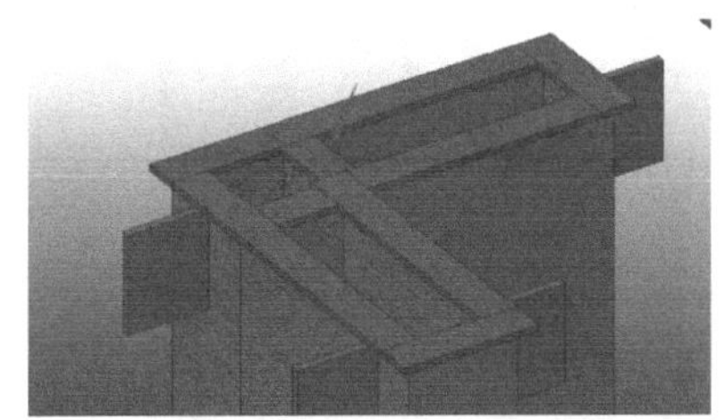

图1　异形柱对接节

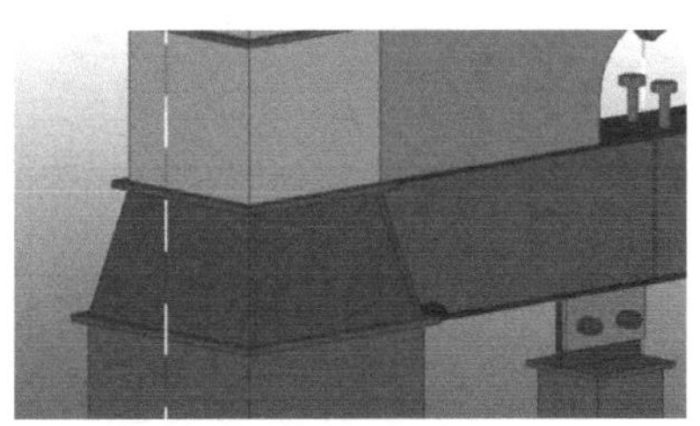

图2　矩形柱变截面对接节

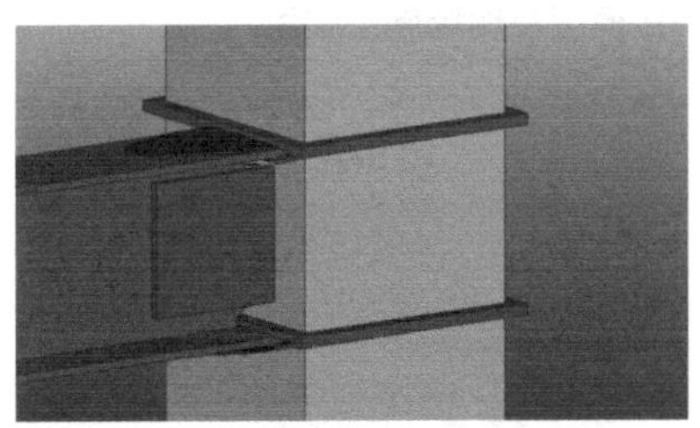

图3　梁柱节点

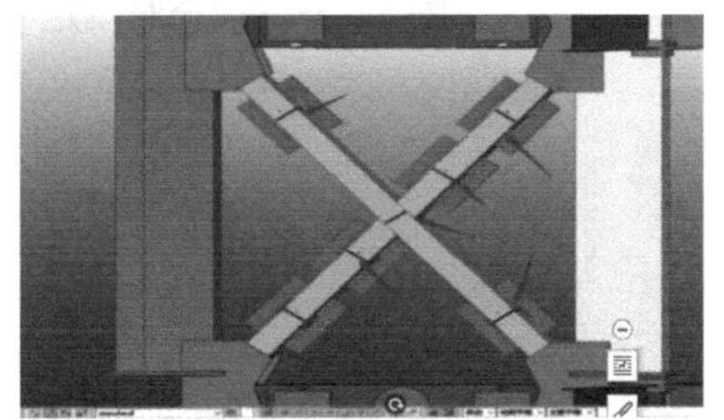

图4　钢斜撑节点

深化阶段对每一个构件进行编号，施工人员可根据图纸获取构件准确的安装标高、平面位置，确定连接板的方向等，进一步提高了构件吊运、堆放、安装的施工效率。

3.2　轻型薄壁钢结构安装临时支撑与固定施工技术

通过对钢结构安装临时固定措施的对比分析及选用，并对使用过程中钢结构偏差的问题进行剖析以及后续为解决偏差问题进行的安装工序的优化，不仅有效地提高了钢结构安装精度，减少钢结构安装二次校正补救措施，也缩短了钢结构安装的施工周期，为后续施工创造有利条件，更为类似工程的施工提供借鉴。

该项目钢结构为薄壁柔性体系，具有壁厚薄、自重轻等特点，钢柱安装后临时固定点荷载小、弹性范围内变形易校正，且受限于柱间距密，缆风绳固定及登高车作业受到一定限制，故决定采用耳板临时固定、小单元稳定结构吊装法，顺利完成了所有钢构件的固定及安装（见图5至图9）。

图5　双夹板临时固定节点3D模型及现场施工展示

图6　钢柱吊装就位

图7　临时螺栓初拧

图 8　钢柱偏差校正

图 9　钢柱对接施焊及耳板割除

3.3　狭小空腔的薄壁钢结构墙柱内嵌混凝土施工技术

该技术利用钢管本身作为混凝土侧模，节省了模板支设和拆除的工作，同时钢管混凝土作为钢构件与混凝土同时受力的结构体系，无须再绑扎竖向钢筋，进一步节约了钢材，具有一定的经济效益。同时采用自密实混凝土浇筑，在保证密实度的同时，省去了混凝土振捣的工作。钢结构住宅为隐式框架–支撑结构，没有钢筋混凝土剪力墙可以附着；钢框架梁腹板承受水平方向拉力的性能很差，塔吊附着架亦不能附在钢框架梁上；塔吊附着楼板很容易对结构造成影响，需要对附着楼板位置进行加固。因而钢结构住宅工程的塔吊附着方式一般选择附着钢柱，但受“附着件与建筑物的夹角以45°至60°为宜”的要求所约束，在45°到60°之间如果没有钢柱可以附着，就要考虑新的附着方式。

通过与钢结构设计师沟通复核，选择适合装配式钢结构住宅的塔吊附着方式，项目部设计“一种钢结构住宅工程塔吊附着结构”并申请专利，后续由徐工集团优化塔吊附着杆件，由原三肢改为四肢，使各栋楼塔吊均能附着在钢柱上（见图10至图12）。

该技术结合钢结构住宅特点，创新性地发明了一种适用性较强的塔吊附着装置，避免了由于结构特殊而造成大型机械选型的浪费、材料运输效率的降低等情况的发生，具有安装方便、适用性强、结构稳定等特点。

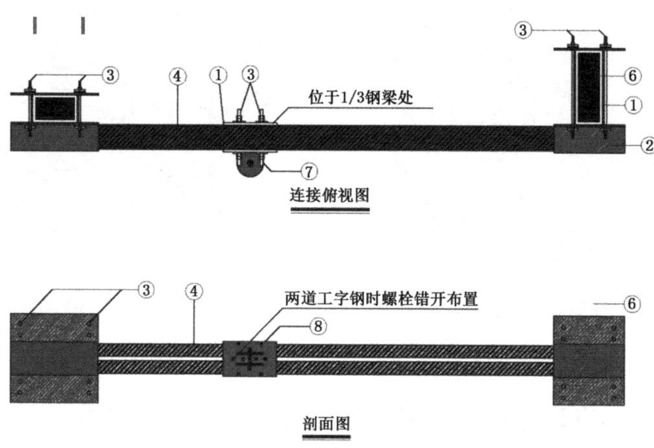

图 10　钢结构住宅工程塔吊附着结构

图 11　夹板式附着

图 12　抱箍式附着

3.4　钢结构住宅装饰装修施工技术

通过对砌体结构与钢结构节点的研究与施工实践，解决了 ALC（蒸汽加压轻质混凝土）条板、ALC 砌块与钢结构节点的连接加固，钢结构斜撑部位墙体与钢构缝隙和钢构上下牛腿加强部位空洞难处理，以及钢结构斜撑部位墙体不稳定造成该部位粉刷层易开裂的难题。

通过前期节点优化、过程样板施工，对外窗节点如何与钢梁有效连接进行分析，对阳台移门节点如何与钢柱有效连接进行分析，最终确定适合装配式钢结构住宅的节点做法（见图13、图14）。

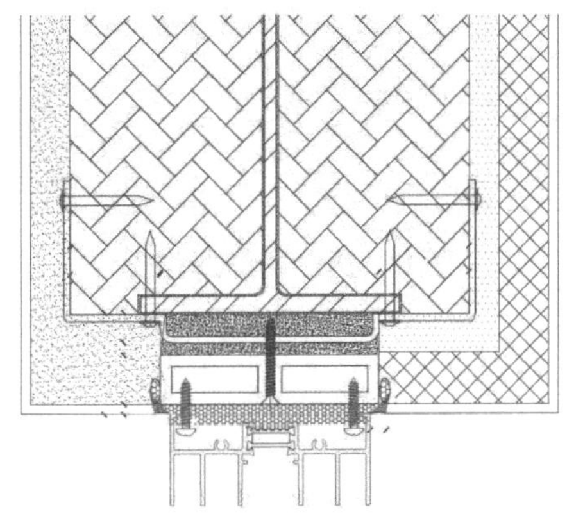

图13　施工阶段节点优化

图14　现场窗框与钢结构节点

针对因砌块与钢构件的热膨胀系数不同及钢斜撑上砌筑施工精度低等因素造成墙体易开裂渗漏的问题，通过对外立面样板施工后的问题分析和研讨，最终对原外立面围护体系防水节点设计进行深化改进，形成一套较为完备且具有一定适用性的钢-砌体外围护结构防开裂防渗漏的施工方法（见图15至图17）。

图15　砌块与钢梁塞方

图 16　钢柱拉结筋样板

图 17　钢构牛腿空洞注浆

通过一系列改进做法，解决了钢结构住宅装饰装修阶段的难题，节约了现场材料耗用，减少了外墙渗漏和开裂隐患，降低了后续返工维修的风险，为钢结构住宅项目装饰装修阶段成套技术积累打好了基础。

4　取得的社会、经济效益

依托太仓钢结构高层住宅项目展开相关施工技术课题研究，创新研发出钢结构薄壁墙柱结构数字化深化设计及加工技术、轻型薄壁钢结构安装临时支撑与固定施工技术、狭小空腔的薄壁钢结构墙柱内嵌混凝土施工技术、钢结构住宅塔吊支撑设计及构造技术、钢结构住宅装饰装修施工技术，基于研究成果，提高了工业化建造水平、施工效率，缩短了关键线路工期、节约了建筑材料，工艺技术的提升保证了施工质量、优化了施工工序、缩短了施工工期，大幅降低工程成本，具有良好的经济效益。

5　示范及推广前景

通过对钢结构隐式框架-支撑结构高层住宅全过程施工管理以及施工工艺的研究与总结，形成了一套关于高层钢结构住宅完备的满足质量要求的施工办法，可以为装配式钢结构住宅的施工提供经验和技术支撑，为后续同类型项目提供宝贵施工经验。

该项目已获得 2 项实用新型专利授权，施工期间还承接了中国施工企业管理协会召开的“钢结构住宅工程建造技术交流观摩会”，得到与会各方认可，取得了良好的社会效益。

八 城市综合体

案例1 瑞虹新城10号地块发展项目

摘要：工程的建设能够推动经济的快速发展，但是在建筑施工的过程中容易产生噪声、污染等一系列的问题。要注重实现可持续发展，经济的发展绝对不能以牺牲环境为代价。既要金山银山，更要绿水青山，助力实现碳达峰碳中和是以后的一项重要工作，建筑施工更要做好施工过程中的环境保护与安全、资源节约与循环利用等。本案例以上海市瑞虹新城10号地块发展项目为依托，介绍建筑工程相关的绿色管理技术。该项目主要采用深基坑分坑施工换撑肋墙施工技术、临地铁地下连通道暗挖施工冷冻施工技术、钢结构整体提升技术、泥浆分离技术等绿色、先进技术，实现项目的资源节约、环境安全等绿色建造的目标。

绿色、可持续发展离不开技术的创新，只有不断地开创新技术，逐步淘汰高污染、高能耗的老旧技术，才能够更好地保证“双碳”目标的实现。本案例着重介绍换撑肋墙、冷冻法、整体提升三项主要内容，均具有应用范围广、成效高等优势，希望能够实现新技术的大面积推广，为类似的工程提供借鉴。

关键词：绿色建造，换撑肋墙，冷冻，整体提升

1 深基坑分坑施工肋墙换撑施工技术

1.1 适用范围

该技术适用于基坑分坑开挖及回筑的基坑工程（一般为两层及以上地下室），分坑可同步施工，大幅节约工期。

1.2 技术形成

肋墙换撑设置于先施工区地下室底板至首层楼板下方的高度范围内，作为后施工区支撑在中隔墙处的支座，承载后施工区支撑的水平力。肋墙换撑采用混凝土墙抗剪、抗弯设计，承担后施工区支撑传递的水平力，受力明确，位置可控。自下而上设置，肋墙换撑随先施工区地下室结构一同浇筑，解决了后施工区支撑传力问题，且结构无须采取额外加强措施（见图 1、图 2）。

把后施工区支撑平面计算中最大支撑轴力值作为荷载，作用在分隔墙上，计算换撑肋墙的抗剪和抗弯。假定换撑肋墙与地下室楼板连接处为固定端。因肋墙与地墙通过植筋连接，除按肋墙模式计算外，还按 T 形截面梁进行复核，取两种计算模式的配筋较大值，结构受力可靠。

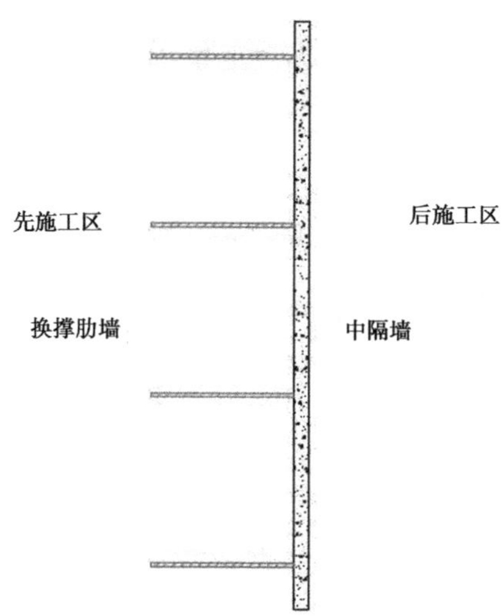

图 1　中隔墙肋墙平面图

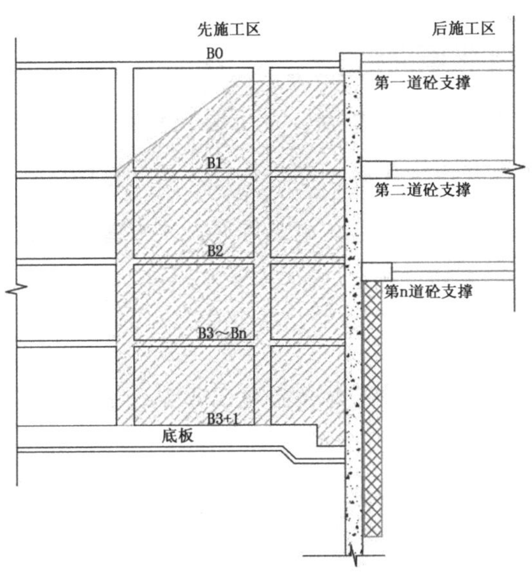

图 2　中隔墙肋墙剖面图

1.3　技术关键点

1.3.1 数字化建建模和“核验结合”手段设计

项目采用数字化信息建模，模拟基坑正常情况下的变形，并针对项目基坑支护进行受力分析，明确受力点，可以有效布置换撑剪力墙，避免了盲目、多余的剪力墙布置，同时采用直剪固快峰值强度计算，与 T 形截面梁进行复核的设计方式、“一核一验”的设计方式，更加安全可靠。

1.3.2 同材质同技术施工

项目采用钢筋混凝土换撑剪力墙，与主体结构材料相同，可以同时施工，不占用关键线路，方便快捷。混凝土换撑剪力墙与主体结构连接性好，整体性能稳定，增强了换撑剪力墙的支撑效果。

1.3.3 受力薄弱位置特殊加强

项目在车道位置采用临时板连接剪力墙，增强了换撑墙的支撑效果，避免换撑墙单独受力时整体性能差的问题，与周围结构的可靠连接，大大增强了换撑墙的变形控制能力。

1.3.4 整体施工，梯形设计

混凝土换撑剪力墙作为整体结构，自下而上一体连接，受力效果更好，能够更有效地控制基坑变形；最上层换撑剪力墙采用梯形结构设计，在不降低变形控制能力的同时，节约材料，绿色环保。

采用该工法缩短基坑的总体施工时间，减小基坑工程的“时空效应”，保护周边建（构）筑物。

1.4 技术水平

项目深基坑采用剪力墙支撑换撑施工工法，首先考虑取用直剪固快峰值强度进行剪力墙的设计。

剪力墙由底板到地下一层，整个受力由邻区支撑传递给剪力墙，剪力墙传递给各层梁板及底板，各层结构共同受力，换撑受力更为稳定。

技术路线的视线对安全管控、工期节点作出有利保证。

该技术申请发明专利“一种深基坑分坑施工剪力墙换撑结构及其施工方法”并获得授权。

1.5 社会、经济效益

1.5.1 社会效益

该工法结合现代化的数字建模技术，采用直剪固快峰值强度计算，与T形截面梁进行复核的设计方式、“一核一验”的设计方式，大大保障设计的精准性和安全性。通过剪力墙换撑技术，减少了基坑的暴露时间，最大限度地控制基坑变形，避免了深基坑分坑施工过程中的“时空效应”，保障基坑安全，保护环境的安全。作为一种自主创新的控制分坑施工过程中的基坑变形的技术，得到了政府相关部门和参与各方的一致认可和好评。

1.5.2 经济效益

节约了先施工区的结构施工工期约60天。为业主提前销售、营业创造条件，创造了一定的经济效益。

采用肋墙换撑施工法后，换撑肋墙与结构同步施工，节约工期5天。

总计节约工期65天，节约人工管理费、机械租赁费等各项费用总计490万元。

1.6 推广前景

深基坑分坑施工剪力墙换撑施工工法有效解决了基坑暴露时间长、安全系数低、工期影响大的问题，能够有效控制基坑的“时空效应”，控制基坑的变形，保障周边复杂环境的安全，具有深远的应用前景和巨大的推广意义。

2 临地铁地下连通道暗挖施工冷冻施工技术

2.1 技术适用范围

适用于地下结构联通工程中，周边及施工环境较为复杂情况下的土体加固施工。

2.2 技术特点

该技术采用的加固施工工艺，避免了化学加固等措施的环境污染，节约了人力、材料、机械费用等，实现了施工过程中的“五节一环保”。

采用了“一线总线”式测温监测系统及设置沉降、倾斜等自动监测仪。项目通过钻孔、打孔的方式预留测温孔，在测温孔监测冻结区域温度，从而掌握冻结壁冷冻状况；同时通过在地铁出入口设置沉降、倾斜等自动监测仪，自动化采集数据，可以进行实时监控，并反馈指导施工。

采用双释压相结合的方式控制压力。项目施工前期打设了17个泄压孔，在泥浆冷冻过程中，面对压力过大的问题，及时打开泄压孔的泄压阀，通过排出浆液降低压力，同时提高盐水温度，减缓冷冻速度，二者结合，避免了由于流浆过多造成的安全问题，以及抬升温度造成的冻结质量不足的问题。释压提温相结合的方式，相比于同类技术单一的泄压方式，避免了单一方式造成的质量不足和安全隐患问题。

采用四分法分区分阶段流水冻结作业。该项目将冷冻区域分割成4个分区，缩小了冻胀规模，可以更好地控制冻胀问题，避免一次性大面积、大体量的冷冻，对地铁结构等周围的建（构）筑物造成过大的抬升，防止对周围结构产生不必要的安全隐患，以及分区之间的冻结加固，更加有效地保障了冷冻施工期间结构的安全。

2.3 技术形成

该技术施工范围为开挖区域非混凝土墙段以及开挖基坑下部区域，通过在已成型基坑内采用冻结法加固地层，形成强度高、封闭性好的冻土帷幕，在开挖区域下方形成L形冻结壁，并与周围结构相接触，配合上部混凝土顶板以及临平路站1#出入口形成封闭冻结体，然后在冻土帷幕中采用矿山暗挖法，进行通道的开挖构筑施工，最终实现地道与地铁车站联通的目标。冷冻区域剖面图见图3。

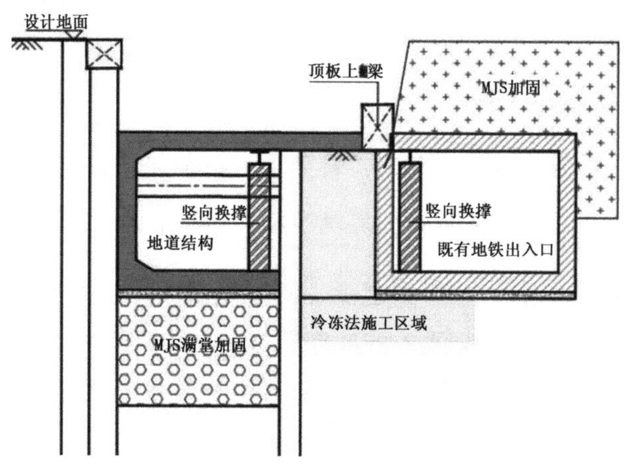

图3 冷冻区域剖面图

2.4 关键技术

2.4.1 关键技术1

冷冻法冻结加固施工时，为保障施工安全，采用“一线总线”测温系统，对施工过程中的温度变化进行监测。对每组盐水回水温度进行监测，判断冻结器运行是否正常；对每组盐水干管进、回水温度进行监测，计算冷冻站实时制冷量；对每台冷凝器清水进水干管温度进行监测，判断冷却塔实时运行是够正常；对每台冷冻机冷却水出、入水口温度进行监测，判断冷却水系统是否正常；对每台冷冻机盐水出水口温度进行监测，判断冷冻机组制冷能力；单个测温孔每隔一米设置一个温度测点，实时监测冻结壁发展情况。同时在施工的过程中，对周围的建（构）筑物（主要是运营地铁出入口）进行沉降、倾斜等的自动监测，自动采集数据，实时监控并及时反馈指导施工，确保了整个施工过程中地铁出入口的运行安全。相关记录见图4至图6。

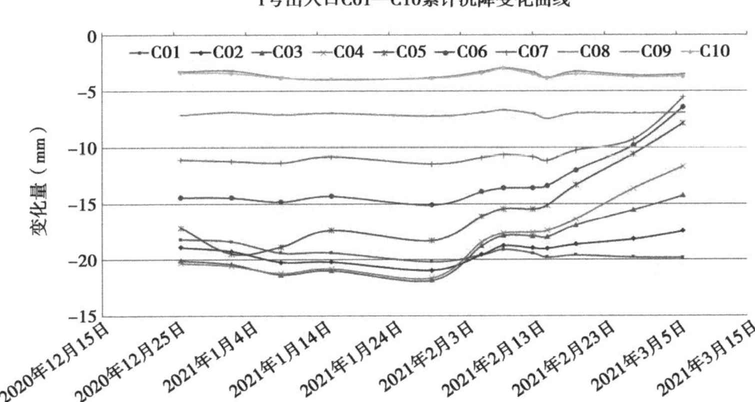

图4 沉降观测记录

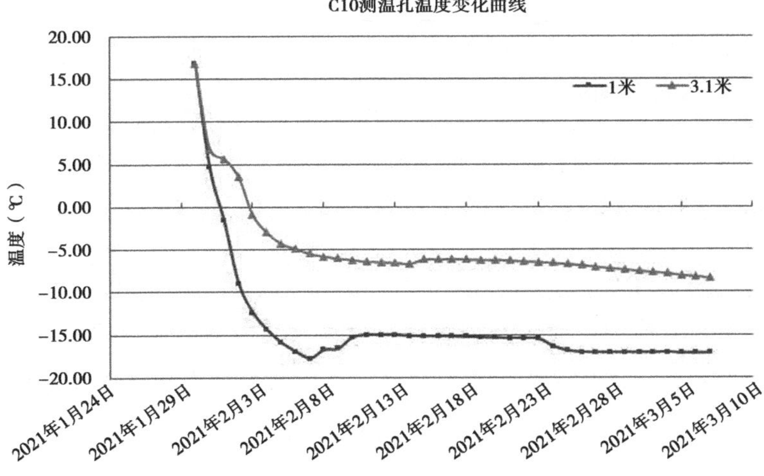

图5 测温孔检测记录图

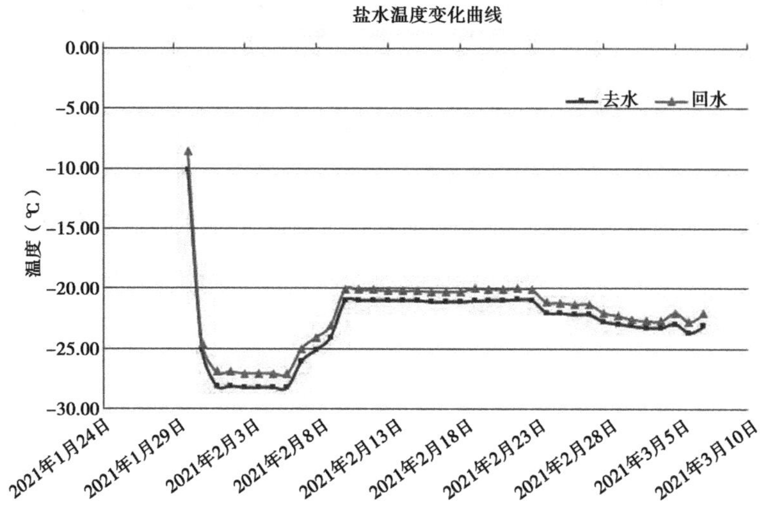

图 6　盐水监测记录图

2.4.2 关键技术 2

为防止在冷冻过程中，因为冻胀造成的压力过大的问题，项目创新采用打设泄压孔和抬高盐水温度相结合的方式，释放过大压力，通过打设 17 个卸压孔，在监测到冷冻范围压力过高时，可以打开泄压孔，排除泥水浆液，达到泄压的目的。同时提高盐水温度，减缓冷冻速度，释放冻胀压力。二者结合，可以避免单一的排浆造成的安全问题，以及降低了冷冻结束后的补浆成本，也避免了冷冻温度不足造成的冻结质量问题。排浆提温相结合的方式，保证了施工过程中的质量水平，更加绿色环保。

2.4.3 关键技术 3

项目创新采用了分区分阶段流水冷冻作业法，将冷冻范围划分为 4 个分区依次进行冷冻，并将相邻冷冻区分隔部位通过打设竖向冻结孔的方式，加强冷冻，达到一定的冷冻强度。作为临时性支撑柱支撑结构顶板，待外墙施工完成后，再进行临时冻土柱拆除施工。通过四分法分区分阶段流水作业的方式，将共墙段分成 4 块位置依次进行流水施工，缩小了冷冻规模，避免了一次性施工造成的大跨度顶板的安全问题；同时避免了一次性冷冻造成的冻胀过大的问题，减少了能源、机械、人工等相关资源的投入，实现了施工过程中的节能减排。分区布置图见图7。

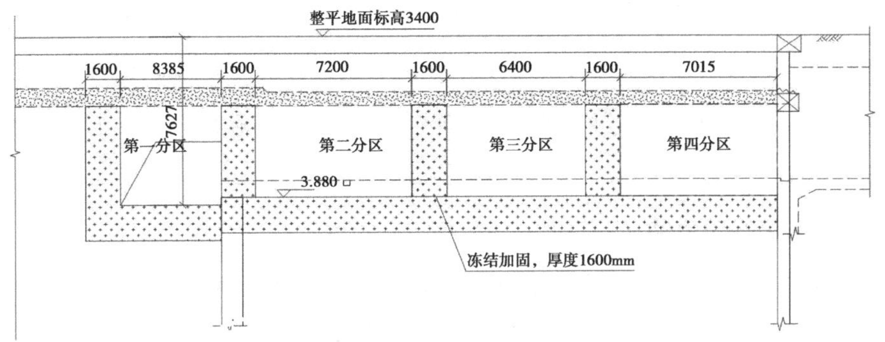

图7　分区布置图（mm）

2.5　社会、经济环境效益

2.5.1 社会效益

该工法总结出的冷冻法，提升了地下结构施工的安全性，最大限度地控制周围结构变形，保护周边建（构）筑物。为今后各类周围环境复杂的地下工程施工提供参考，对于地下结构施工变形理论体系具有积极的影响。

该技术的开孔测温及信息化的监测方式，为后续其他相关工程的监测布置提供了技术支撑与设计经验。

该技术的双释压相结合的方式，为后续其他工程处理压强过大的问题提供了施工经验。

技术施工过程中，培养了一批科技人才与工程精英，清楚了解冷冻法施工的过程及原理，为以后相关的冷冻法施工提供了经验，提升了工程管理水平，造就了新的施工模式与相应的管理方式。

该项目作为虹口区的标志性工程，拥有“上海商场史上最大天幕结构”，吸引了上海市各界目光的密切关注。临近地铁站、周围管线复杂是冷冻法施工重难点，冷冻法施工期间，行政机构、业内同行、周边居民等社会各界人士来项目观摩考察共计5次，对于此冷冻施工技术均给出高度评价，有着积极广泛的社会影响力。

该项目周边环境复杂。采用新技术后在地下施工的过程中未对周围的地铁线路、各种管线产生不利影响，做到了施工影响“严控于场内”的目标，得到了周边居民及地铁相关部门的认可与好评，避免因地下土体膨胀而产生的不良社会影响。

2.5.2 经济效益

该项目创新采用了“一线总线”测温监控系统、运营地铁出入口沉降、倾斜自动监测仪、泄压孔及抬升温度相结合的双释压技术，以及分区分阶段流水冻结作业法等相关技术，取得了一定的收益成果，项目冷冻法施工新技术共产生经济效益540.59万元。

2.6 推广前景

该项目采取冷冻法加固施工技术，改进传统施工弊端，保证冷冻土体施工质量安全和环境安全，具有广阔的推广应用前景。

3 钢结构整体提升施工技术

3.1 技术形成

该技术采用计算机与液压提升装置相结合的方法，通过液压同步提升技术的特征与原理的研究，对受力提升支架及吊点的设计，以及对整体提升过程的信息化建模，到最后的提升完成，实现了600t钢结构整体提升的目标。项目成果的技术原理见图8。

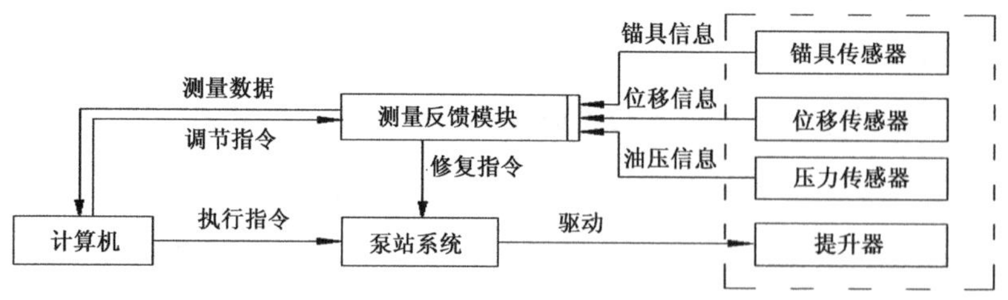

图8 控制原理图

3.2 技术关键点

3.2.1 液压同步提升技术

液压同步提升施工技术可全自动实现同步动作、负载均衡、姿态矫正、受力控制、操作闭锁、过程显示和故障报警等多种功能，有着安全、可靠、承重件自身重量轻、运输安装方便、中间不必镶接等一系列独特优点。为传统的液压提升装置与现代化的计算机模型有机结合提供了理论基础。

3.2.2 对受力提升支架及吊点的设计

荷叶天窗重量达600t，建立荷叶天窗受力的模型，根据结构体系分析，荷叶天窗整体提升时，吊点设置在圆管柱顶临时增加的提升结构上，考虑其刚度、强度、稳定性等关键因素的影响，共设置17个吊点以及三种类型提升支架。通过吊点和支点之间相互配合的受力模型，形成了荷叶天窗整体提升的技术，解决了大型钢结构提升过程中的受力安全和变形质量的问题（见图9、图10）。

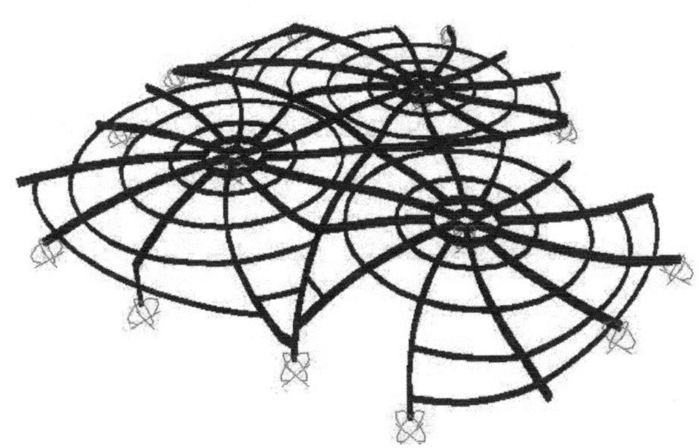

图9 计算模型

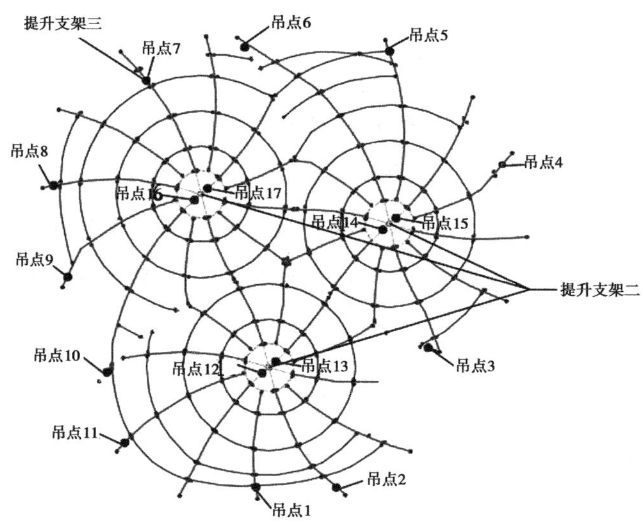

图 10　吊点分布图

3.2.3 对整体提升过程的信息化建模

该项目荷叶天窗提升采用 TLJ-600 型液压提升器、TLJ-2000 型液压提升器、TL-HPS60 型液压泵源系统和 TL-CS 11.2 型计算机同步控制系统。在提升前，对整个提升过程进行数字化建模，天窗单元均采用梁单元进行建模，按照压弯杆件进行设计，在吊点处进行竖向约束加水平向弹簧约束，得出支架线性屈曲系数，同时对结构进行荷载建模，确保结构安全性（见图 11）。

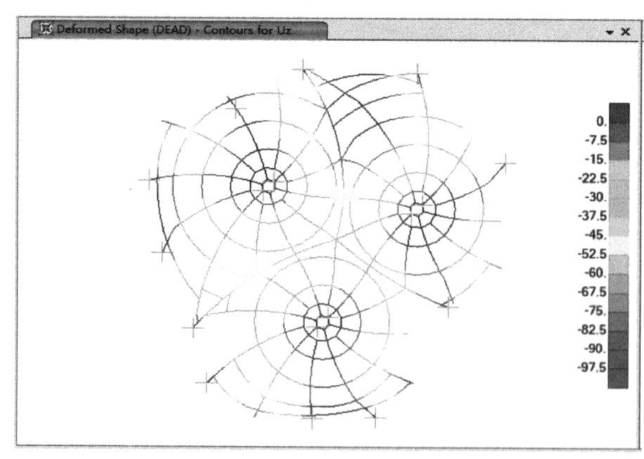

图 11　竖向变形云图

3.2.4 利用设备进行整体提升

结合液压提升装置和计算机信息化装置，形成了荷叶天窗整体提升装置。整体提升技术将荷叶天窗大部分高处作业转变为地面作业，增加了施工作业的安全性，提高了施工质量，避免了高处焊接作业的污染，绿色环保。整体提升技术共节约工期20%以上，相比于国内外同种类型的钢结构工程，降低成本约60%。

3.3 社会、经济、环境效益

3.3.1 社会、环境效益

钢结构整体提升技术将传统的高空焊接作业转变为地面作业，改善了作业人员的工作环境，同时避免了高空焊接工作，防止高空焊接导致的空气污染和光污染，能够有效地保障工期，避免工期的拖延滞后，确保施工过程安全，受到了各方的一致好评。

3.3.2 经济效益

采用整体提升的施工技术，节约工期35天，节约人工费、材料费合计约405万元。

3.4 推广前景

钢结构整体提升方式，应用范围广，在未来具有更为广阔的应用空间，十分值得推广应用。

4 工程案例

4.1 工程概况

瑞虹新城10号地块发展项目位于上海市虹口区，占地面积约4.3万平方米，东邻虹镇老街，南邻天虹路以及瑞虹新城11号地块、西邻瑞虹路以及瑞虹新城3号地块，北邻瑞虹新城9号发展项目。

项目总建筑面积约为44万平方米，其中地上建筑面积约为29万平方米，地下建筑面积约为15万平方米。主要包含一栋7层的商业楼和两栋33层的办公塔楼以及相关的配套建筑等，商业楼高约为52米，办公楼高约为170米，地下四层，挖深约为20米，主要建筑功能为商办综合体。

4.2 工程重难点及解决措施

4.2.1 周边环境复杂，工程临地铁施工，地铁线路保护要求高，难度大

工程地处上海市虹口区，为上海市老城区，周边情况复杂，管线众多，工地四周虹镇老街、天虹路、瑞虹路对街以及北侧紧靠居民区，均有建构筑物，且虹镇老街与天虹路东北转角处有轨道交通4号线临平路站及出入口等附属结构。距离地铁2号口31.4米，距离地铁结构58.4米。上述建（构）筑物均在该工程3倍基坑开挖深度范围内，周边保护难度较大。且虹镇老街地道施工涉及与地铁出入口的地下连接，施工情况复杂。该段采用冷冻法施工，冻胀危害大，对结构的保护要求严格。

该技术总体施工过程中，采用无污染的冷冻施工，施工危险性较低，安全性较高，对周边地铁、管线以及建筑及环境的影响较小，无形中减少了可能因施工导致的环境治理成本、额外的安全管理措施成本等相关无法估量的隐形成本。

4.2.2 深化设计内容多、各方协调工作量大

该工程机电管线情况复杂，管线交叉较多，需要提前绘制、报审复杂节点深化图。同时该工程使用大量的钢结构，钢结构与钢筋混凝土结构交叉节点数量多，钢柱与砼梁连接节点、钢柱与劲性钢梁连接节点、叠合柱与砼梁连接节点设计形式复杂，复杂的节点和施工工艺需通过BIM技术进行施工工艺建模、深化，机电安装工程需进行综合管线的布置优化；同时总承包方需对各分包的深化设计统一协调管理，及时解决现场各种技术难题和图纸问题，存在大量与设计方确认、与厂家协调、对分包方进行技术交底等工作，以达到加快现场施工进度、保证工程总体稳步推进的目的。

4.2.3 材料运输困难

项目位于市中心区域，大型车辆进出场时间受限，白天道路限行，夜间施工受到控制，每天的材料进出场卸货时间为20:00—22:00，且施工场

地边缘距离红线较近，场地狭小，白天作业期间无材料运输车辆停靠场地，无法装卸材料，需要现场管理人员以及各家单位材料员及时根据现场情况，随机应变，协调材料进出场事宜。

4.3 工程特点

4.3.1 钢结构体量大，荷叶天窗钢结构采用整体提升方式

瑞虹10号项目荷叶天窗整体呈3片平面荷叶状，覆盖面积约5500平方米，重约600吨，径向叶脉由箱型平面弧线形钢结构梁组成，径向箱型梁之间由环向箱型弧线形次梁相连，天窗在五层楼面上拼装完成后，使用液压整体同步提升技术将荷叶天窗整体提升26.445米，且一次性整体提升。将荷叶天窗大部分高处作业转变为地面作业，增加了施工作业的安全性，提高了施工质量，避免了高处焊接作业的污染，绿色环保。

4.3.2 建筑绿化面积大，绿色环保

该项目采用双首层25米挑高穹顶天幕，室内外共计有5300平方米绿色植物绿化区，其中有1600平方米的室内绿化区，共计154个品种、1300株绿植、13株大型乔木，是国内极少数获得国际级LEED金标认证的商业体工程项目。

4.3.3 采用分坑肋墙施工方法，大大缩短了工期

该项目有商业裙房提前营业的要求，常规的设计要求是Ⅰ区施工至±0.000后再开挖相邻Ⅱ区基坑，传统方法无法达到业主的工期要求。该项目增加换撑肋墙后，Ⅰ区施工完B2层板后可开挖相邻Ⅱ区二层土方，节约了Ⅰ区地下二层、地下一层的结构施工工期，缩短了工期时间，同时避免了深基坑工程变形的“时空效应”，为业主的提前营业创造了先决条件。

4.3.4 工程地位显著

该项目作为虹口区的标志性工程，拥有“上海商场史上最大天幕结构”，最大采光顶天幕的大型商业综合体，吸引了上海市各界目光的密切关注。整个工程施工期间，行政机构、业内同行、周边居民等社会各界人

士来项目观摩考察共计十余次，对于该项目的各项施工技术、施工质量等均给出高度评价，有着积极广泛的社会影响力。

4.4 社会、经济、环境效益

4.4.1 社会环境效益

推广了绿色各项措施及新技术的使用，总结并完善绿色建造技术在工程中的运用，通过采用这些新技术加强了对环境的保护，节约了水、电、油等相关的能源和资源，助力“双碳”行动。

采用一系列的绿色建造措施和一系列新技术，灵活运用各项新技术来应对特殊工程的难点，避免了很多不必要的浪费。

4.4.2 经济效益

通过开展绿色建造新技术推广应用，节约了项目成本，实现了众多资源的周转循环以及可再生利用，降低了材料的投入成本，提高了周转材料的周转率，降低了相关的租赁费用等成本，产生综合经济效益率约为2.1%。

4.5 推广意义

通过对一系列绿色建造措施的推广，能够让更多项目、工程了解并运用相关的工艺、技术做法等，让更多的项目加入绿色建造的行列中，也能够在整个建造周期内，应用更多的措施实现项目的节能减排。通过大面积的推广和应用，越来越多的项目能够为“双碳”提供一分力量，助力国家早日实现碳达峰碳中和目标。

九 医院工程

案例1 瑞金医院消化道肿瘤临床诊疗中心项目

摘要：多数上海市三甲医院有着几十年甚至上百年的建院历史，内部综合作业环境极其复杂。新建医疗项目在建设过程中需充分考虑院内周边群楼的建筑生态。通过对瑞金医院项目建设绿色施工案例探讨，总结医疗建筑过程中的各项施工重难点，梳理总结成果，可便于日后更好地应对公共医院项目绿色建造。

将绿色施工落实到建筑施工过程中是实现建筑业可持续发展的重要举措，如推进固废综合利用、周边建筑环境保护、节能降碳等措施对提高资源利用效率、改善环境质量、促进经济社会发展全面绿色转型具有重要意义。

该项目在施工过程中，积极推进绿色施工管理，通过数字化转型、升级传统施工机器具、优化工序提效降耗、工艺创新节约工程资源及工期、优化设计节点等措施，取得良好的社会、经济效益。

关键词：数字化转型，提效降耗，工艺创新，设计优化

1 工程概况

作为有着百年深厚底蕴，集医疗、教学、科研为一体的三级甲等综合性医院的瑞金医院来讲，消化道肿瘤临床诊疗中心以“多学科联合诊疗（MDT）”、“一站式”诊疗服务为特色，将临床医疗、科技创新、教学培训集成一体，具备集门诊、化疗中心、办公教学室、报告厅、临床医学治疗中心、手术室、病房等功能，可最大限度满足医院的医疗教学科研使用

需求。

新建项目工程完全位于瑞金医院内部，施工场地周围均为瑞金医院内部病房楼、周边社区居民楼，施工过程中声光尘污染控制等文明施工要求高。为契合院方未来规划设想，消化大楼地下室东侧地墙将与转化大楼地墙共用，西侧地墙同门诊大楼连通，打造连通地下室车库；同时在楼体西北侧，设计下沉式广场，以求取得空间、视觉和提高市民就医便利的效果转换。

上海市交通大学医学院附属瑞金医院消化道肿瘤临床诊疗中心项目总建筑面积60000平方米，其中地上建筑面积46600平方米，地下建筑面积11500平方米，地下3层，基坑挖深17.45米，地上23层，总建筑高度99.8米，上部为钢结构。该项目2020年被列为上海市重大工程。

2 绿色施工关键技术

2.1 土建领域居民区降噪隔音装置

该工程建设位置位于瑞金医院院内，且紧邻瑞金医院门诊部，南侧为50年房龄老旧居民住宅楼，环境敏感度极高，须通过制定合理的施工计划，确保附近居民生活休息。当进行强噪声、大震动作业时，严格控制作业时间等措施来降低噪声污染。为进一步降低对周边环境的影响，通过采用新技术的方式，即布置适用于现场需求的隔音墙的方式，在声音传播过程中减弱噪声（见图1、图2）。

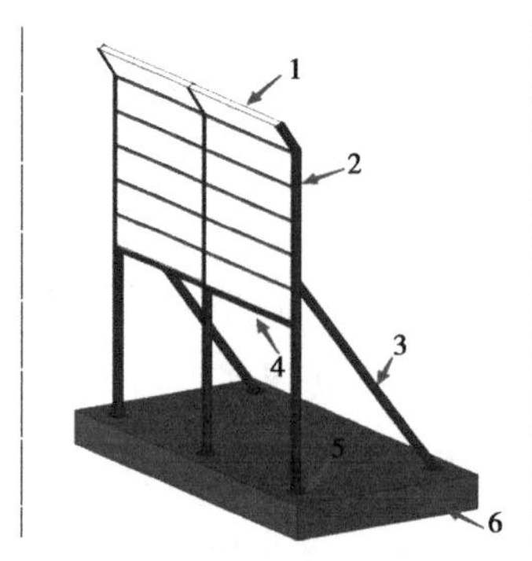

图1 标化隔音墙建模示意图

图2 现场应用情况

同时实现了以下几点技术创新：一是简化常规隔音屏结构设计，优化材料选型，且保证了隔声降噪的技术要求；二是增加周转率，制式的型钢立柱和 PVC 岩棉板均可拆卸，为构件周转保存创造了条件；三是增加适配性，可拆卸部位零件为通用部件，通过调整型钢立柱的长度及各榀钢立柱的间距，可适配不同项目基础施工阶段文明施工要求，可用于大多数情况下施工现场噪声污染控制，且是一种制式、可拆卸、可周转的隔音墙。

该项目于 2021 年 7 月上旬完成现场安装，通过隔音墙周边的噪声监测点进行安装前后数据对比，安装前一个月内的监测平均数据为 68dB，安装后一个月内的监测平均数据为 56dB。利用制式、可拆卸、可周转的钢立柱和 PVC 岩棉板，吊装至操作面进行直立安装加固，整个过程仅 2 小时可完成，极大节省安装时间及劳动力，为后续用于土建施工现场的降噪装置优化使用具有指导意义。

2.2　工程应用情况

该实用新型提出的一种用于土建工程基础施工阶段的制式可拆卸隔音屏，包括型钢立柱。型钢立柱通过预埋铁件与素砼基础连接，型钢立柱之间通过型钢连接杆连接，方钢管焊接在型钢立柱上，然后 PVC 岩棉板嵌固在工字钢翼板和方钢管之间形成固定。同时可于型钢支架上安装施工照明用灯、摄像头等配合现场施工；张贴安全文明施工标识，有助于文明施工。

3　社会、环境和经济效益分析

消化道肿瘤临床诊疗中心项目降噪隔音装置的研究，包括结构设计优化、材料对比选择等，实现了节约人力资源、节约材料、提高材料的周转和利用率、保护环境，解决了常规隔音墙应用于土建工程领域会出现的问题，满足了敏感环境中现场降低施工噪声的要求，减少了对周边居民的影响。

第三篇 碳排放管理

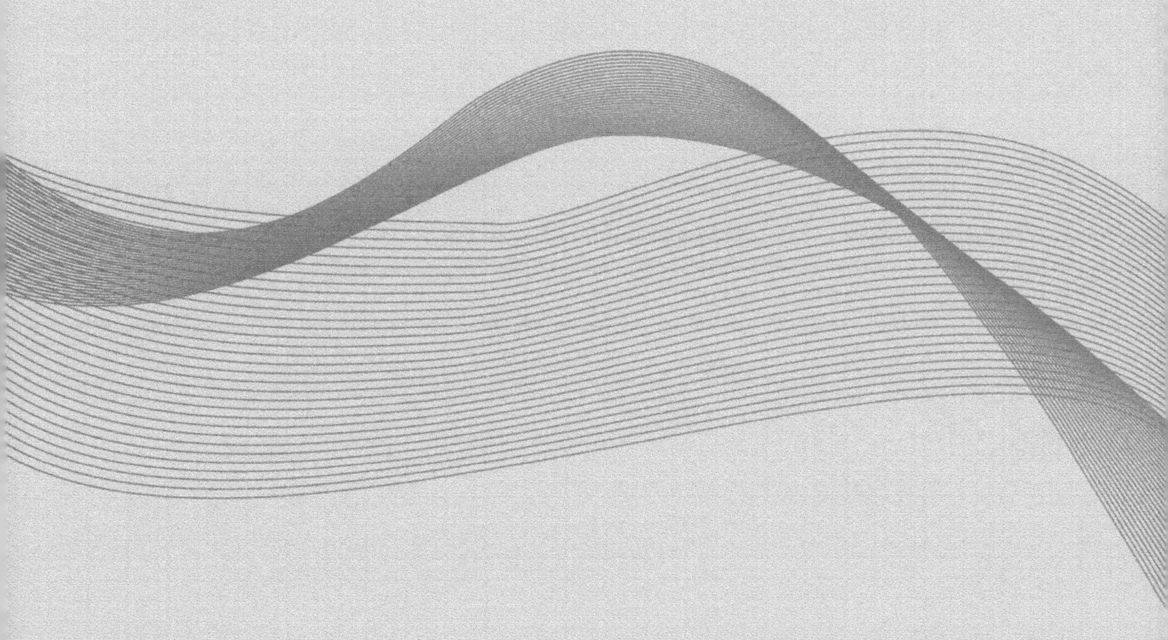

为加速实现“双碳”目标，助力企业增强绿色竞争力，上海建工一建集团有限公司（简称一建集团）积极采取各项措施：绿色施工、节能改造项目、发展绿色减碳技术等，并构建了“建筑设计→施工生产→物业运维”碳排放管理模式，是建筑行业首家碳管理体系贯标示范企业。

一 项目背景

建筑行业是能源消费的三大领域（工业、交通、建筑）之一，也是造成直接和间接碳排放的主要责任领域之一。2021 年 9 月，住房和城乡建设部发布了国家标准《建筑节能与可再生能源利用通用规范》（GB 55015—2021）。该项标准明确自 2022 年 4 月 1 日起，将建筑碳排放计算作为建筑设计强制要求。建筑行业作为碳排放大户，正越来越受到社会各界的关注。2019 年全国建筑全过程碳排放总量为 49.97 亿吨，占全国碳排放的比重达到 50.6%。因此，建筑行业碳减排已经成为我国实现碳达峰、碳中和目标的“关键一环”，对全方位迈向低碳社会、实现高质量发展具有重要意义。

一建集团作为行业领先的建筑企业，积极应对气候变化风险，响应国家政策要求，并自我驱动，率先开展了《碳管理体系 要求及使用指南》（T/CIECCPA 002—2021）贯标行动。

碳管理体系

考虑到建筑行业的碳管理体系策划、建立、实施、保持和持续改进应与其建筑行业绿色建筑、绿色建造等现有基础相结合。其中，绿色建造是按照绿色发展的要求，通过科学管理和技术创新，采用有利于节约资源、保护环境、减少排放、提高效率、保障品质的建造方式，实现人与自然和谐共生的工程建造活动。绿色建筑是在全寿命期内，节约资源、保护环境、减少污染，为人们提供健康、适用、高效的使用空间，最大限度地实现人与自然和谐共生的高性能建筑。一建集团碳管理体系的建立结合了现有“绿色”基础、能源管理利用现状，以及各项资源状况等，按照 PDCA 原则，分为策划设计、实施运行、自我评价、评定审核四个阶段开展。

（一）第一阶段：策划设计

1. 结构与文件要求

根据《碳管理体系 要求及使用指南》（T/CIECCPA 002—2021）所要求的文件化信息，以及由组织确定的、为 EATNS 碳管理体系[1]的有效性所必需的文件化信息，一建集团结合现有的特点与自身能力，建立了三个层次的体系结构。

（1）第一层次——碳管理手册

一建集团编制了碳管理手册，手册中阐明了一建集团的碳管理方针、目标、指标和 EATNS 碳管理体系运行全过程要求，是一建集团碳管理实践

[1] EATNS 碳管理体系是在全球碳中和、国家“双碳”目标、全国碳市场启动背景下，由上海环境能源交易所联合上海质量科学管理研究院牵头研制的全球首个综合性的碳管理体系标准和国内首个囊括“碳排放（emission）、碳资产（asset）、碳交易（trading）、碳中和（neutrality）+碳资信评价”（4+1 模块）的系统性管理体系。

的纲领性文件，是 EATNS 碳管理体系运行的准则。

T/CIECCPA 002—2021 标准并未要求组织编制碳管理手册，但通过编制碳管理手册，可以增强组织内部对于碳管理要求的理解、实施、保持和持续改进，并可系统地向外部展开其 EATNS 碳管理体系的存在和预期的碳管理绩效。

（2）第二层次——碳管理程序

T/CIECCPA 002—2021 标准以 ISO 管理体系标准（MSS）的协调结构（HS）为编制基础。所以，一建集团将原三体系的程序文件与 EATNS 碳管理体系程序文件相结合。程序文件包括：风险和机遇控制工作程序，目标管理工作程序，法律法规、标准及其他要求的识别、获取、遵守和更新管理程序，合规性评价工作程序，信息交流与协商沟通工作程序，碳管理的运行策划与控制工作程序，内部审核工作程序，管理评审工作程序。

（3）第三层次——作业指导文件

一建集团梳理现有的管理制度，如能源计量管理办法、用能设备保养管理制度等。在此基础上，发挥行业的带头示范作用，结合《上海市温室气体排放核算与报告指南（试行）》与《建筑碳排放计算标准》（GB/T 51366—2019）编制温室气体计算办法等企业标准。

2. 碳管理范围

根据中国建筑节能协会发布的《中国建筑能耗研究报告（2020）》，2019 年，建筑施工阶段碳排放 1 亿吨 CO_2，仅占全国碳排放的 1.0%。而建材生产阶段与建筑运行阶段的碳排放占全国碳排放的比重为 49.6%。所以，一建集团将碳管理的范围从建筑施工阶段，向上与向下不断延伸，向上关注建筑设计阶段，向下关注建筑运行阶段，覆盖集团总部及项目部，包括建筑行业（建筑工程）设计、施工生产、物业运维过程中的碳排放活动。

3. 碳管理目标

一建集团在建立碳管理目标和指标时，结合现有低碳技术支撑，以及碳管理绩效参数，并考虑技术、财务、运行和经营要求，以及相关方的要求，建立了集团总目标，并将该目标分解至建筑设计、施工生产与物业运维三个过程，碳管理目标如下：

集团目标：探索建立贯穿建筑设计、施工和运维全生命周期的 EATNS 碳管理体系，推动建筑行业实现“3060”目标。

建筑设计目标：新建居住建筑和公共建筑平均设计能耗水平应在 2016 年执行的节能设计标准的基础上分别降低 30% 和 20%。(来源：GB 55015—2021 标准要求)

施工生产目标：碳排放强度低于 0.045 吨二氧化碳当量/万元产值。(来源：根据上海绿色施工统计数据、施工生产能耗平均值为 0.0166 吨标煤/万元产值。)

物业运维目标：碳排放强度低于 $60kgCO_{2e}/(m^2 \cdot a)$。[来源：根据上海能耗监测平台数据，办公类建筑运营能耗平均值：$81.5k \cdot Wh/(m^2 \cdot a)$、0.02280207 吨标煤/$(m^2 \cdot a)$，一般公共建筑平均单位建筑综合能耗为 $28kgce/(m^2 \cdot a)$]。

(二) 第二阶段：实施运行

一建集团 EATNS 碳管理体系策划设计阶段完成后，将进入试运行阶段。具体内容包括：识别组织边界内不同类别的 GHG（温室效应气体）源、碳排放管理相关数据收集的策划与实施、温室气体的核算与报告、策划并实施对当前公司的碳排放情况进行评审等。并依据《碳管理体系 要求及使用指南》的要求，对过程进行记录并保留。

1. 识别组织边界内不同类别的 GHG 源

温室气体源指的是向大气释放一种 GHG 的过程。从建筑设计、施工生产与物业运维三个过程，识别 GHG 源，并在其基础上识别重要 GHG 源，对其进行管控。

2. 碳管理相关数据收集的策划与实施

一建集团建立了碳管理相关数据收集的策划方案，并指导相关部门及相关单位，确定影响碳管理绩效所需的相关数据，同时确定它们的类别及实施收集的途径、频次和方法，并将所策划的结果汇总至集团责任部门，经确认后交由集团责任部门统一执行。

3. 温室气体的核算与报告

在考虑国家、地方和行业的相关核算技术规范，并充分了解一建集团 GHG 源的情况下，对一建集团的碳排放/清除核算活动进行策划。

温室气体报告所报告的具体内容包括：报告主体的基本情况、GHG 排放情况、其他相关情况。

4. 结合建筑行业的特性

一建集团除了以集团为主体进行温室气体报告外，特别考虑到了以项目为主体进行温室气体的报告。此外，考虑到对于建筑施工企业来说，如果能控制施工环节中建筑材料过度消耗的话，对于建筑行业的碳中和具有重要意义。为此一建集团积极研究开发低碳绿色施工技术，同时对各种低碳绿色技术的碳排放量进行必要的监测和核算，具体如下：

（1）优化科创机构功能：工程研究院和建筑设计院两翼齐飞

工程研究院：

新建双碳和大数据技术研究中心：聚焦国家碳达峰、碳中和的规划，组建“双碳”和大数据技术研究中心，增强绿色建造技术研发实力。

新建现代钢结构施工技术研究室：聚焦大型复杂钢结构施工控制技术、超高层钢结构建造关键技术研究，加快提升支撑大型项目实施的研发能力。

现有绿色建造、建筑信息技术、超高层技术、设施运维技术研究所：加强数字建造技术自行研发能力建设，进一步提高集团在数字化施工、人工智能等方面的研发和应用能力。

建筑设计院：

将继续对设计机构进行优化，总结已承担的 EPC（设计-采购-施工总承包模式）项目实施过程的经验，形成一套包含不同承包模式的 EPC 项目成果资料，制定可执行性强的工程设计施工在设计-采购-施工-运维过程的一体化管理办法。

（2）深耕优势领域，攻坚新兴领域

优势领域：

超高层方面。根据相关部门关于发展超高层建筑的精神要求，研发适用于高度为 250m 的施工装备及建造技术，重点开展单元式井道模架装备、模板自动开合施工技术方面的研究，继续推进铝模板在不规则超高层结构的配模技术研究；依托张江科学之门东塔项目，开展系列化建造关键技术研究工作，研发重型液压爬升卸料平台体系、劲性柱施工的工具式挂架体系、整体式斜爬模板体系及其施工技术，满足复杂超高层安全施工要求；将开发大承载力液压爬模体系、液压爬架体系，实现既有液压爬模技术升级，并在现有超高层项目进行示范应用。

深基坑方面。开展既有历史保护建筑下部增设多层地下室的逆作施工技术研究，开发土方开挖、结构高效托换与置换、低净空桩基施工等关键技术；依托前滩 21 号地块项目，开展深基坑工程混凝土支撑单向、双向液压伺服主动调控技术研究，制定相关技术标准，有效控制深基坑工程的变形；依托石门一路华润中心、张江集电港 3-2 地块等项目，预制栈桥板施工等方面企业级标准，为深基坑工程工业化建造提供支撑；依托绍兴龙之梦项目，开展超高层结构半逆作法施工技术研究，为项目的高效安全建造发挥支撑作用；依托集团在建的深大基坑工程，继续开展深基坑施工变形机理及施工控制技术方面的研究，解决好当前机位迫切的部分深基坑变形过大的问题。

新兴领域：

城市更新方面。依托张园改造项目，开展既有保留建筑下方管幕法、顶管法施工控制技术研究，为城市地下空间拓展提供借鉴；以永安百货为对象，开展既有保留建筑增设地下室关键技术研究，形成既有基础托换与结构保护施工工艺，为城市地下空间拓展提供借鉴；依托歇浦路 8 号等项目，开展历史保护建筑、保留建筑的建筑构件修缮技术研究，为城市更新工程的设计、施工提供技术支撑；开展城市更新领域数字化技术研究，形成利用 BIM 及信息化技术对保留建筑进行原位更新与保护关键技术；开展建筑结构消能减震方面的设计和研究工作，形成城市更新领域的无损伤加固关键技术，为城市更新绿色化改造提供新的方案。

工业化建造方面。依托崇明自行车馆项目，开展大型柔性钢结构屋盖施工技术研究，以期形成满足复杂钢结构、幕墙体系施工需求的深化设计及施工一体技术；依托八万人体育场改造、宁波中心大厦、杭州中心等项目，开展复杂钢结构体施工控制关键技术研究，形成相关施工工法，为钢结构施工体系的建立创造条件；适时开展地下工程预制装配式结构应用技术的预研究工作，根据集团在建工程的情况进行关键技术示范；启动建筑工程非主体结构工业化建造技术调研，开展装饰工程、机电安装工程工业化建造技术研究，完善集团工业化建造的技术体系。

市政工程方面。开展城市道路智慧交通建造技术研究，形成既有道路智慧化改造的设计施工一体化实施技术集成，为集团重点领域发展提供支撑；依托嘉定区南门景观提升工程，开展既有城区海绵城市、水体净化与再利用方面的研究，形成满足当前城市更新要求的专项技术；依托航城路运河桥项目，深度总结预应力系杆拱桥施工技术，开展梁式桥、斜拉桥关键技术研究工作，完善集团桥梁工程施工技术体系；开展顶管、沉井等施工技术研究工作，为昆阳路水泵站、浦业路市政道路等项目实施提供技术支撑。

智能建造方面。以突破物联网应用所面临的技术瓶颈作为年度重点工作，通过加强人才队伍建设提升研发能力，开发适用于现场可重复使用的通用型数字化施工传感器；搭建适应集团项目要求的系统架构，开发融合互联网技术的施工监控关键技术，并在自行车馆、张江科学之门等项目示范，实现对施工现场关键工序的可视化远程监控；研究基于 BIM 和物联网的物料全流程管理技术，解决以智能地磅等为典型场景的工程管理难题。

（3）生产建造阶段碳排放核算与低碳技术研究

首先，开展建筑建造过程碳排放核算，通过对比分析各类建筑施工阶段产生的各类能耗，计算单位碳排放强度值，以此为基础，统计分析生产建造阶段的碳排放总量以及强度，对碳排放来源做到可计量、可报告、可核证；其次，探索生产建造阶段的减碳技术，通过开展绿色低碳混凝土的研究与制备、研究生产施工设备机具的节能改造技术、探索建筑建造过程中可再生能源的利用技术以及施工碳排放实施检测技术，为集团绿色低碳发展战略提供技术支撑；最后，编制并形成一建集团层级的建筑工程施工碳排放计算与计量标准。

（三）第三阶段：自我评价

1. 监视、测量、分析和评价

一建集团对监视、测量、分析、评价活动进行策划与实施，评价 EATNS 碳管理体系符合规定要求和获得持续改进的绩效和有效性。

第一，通过建立 EATNS 碳管理体系监测计划，对 EATNS 碳管理运行过程的监视、测量、分析和评价。

第二，定期监测设碳管理目标、指标方面的有效性。

第三，对重要的 GHG 源，建立管控措施，并进行例行检查、监视、测量、分析与评价。

2. 内部审核

内部审核的目的是定期从一个公司的自我角度来审视关于 EATNS 碳管

理体系绩效和有效性的信息，以确保 EATNS 碳管理体系各过程的策划安排已被完成，并且 EATNS 碳管理体系已得到有效的实施和保持。一建集团 EATNS 碳管理体系发布并运行 3 个月之后，开展了内部审核工作。

3. 管理评审

管理评审是组织 EATNS 碳管理体系自我改进、自我完善的契机。一建集团最高管理层对 EATNS 碳管理体系的适宜性、充分性和有效性进行评估。

（四）第四阶段：评定审核

各相关部门与相关单位应根据日常监测、内部审核、管理评审等的结果，识别出改进机会，从而持续改进 EATNS 碳管理体系的适宜性、充分性和有效性。在管理评审结束后，一建集团接受了 EATNS 碳管理体系评定审核。

三 碳管理的创新与实践

一建集团秉承“双碳”的义务与使命，持续改进温室气体管控绩效，致力于打造最具价值和创造力的绿色低碳、可持续发展的建筑企业的碳管理方针。作为国内建筑行业第一家 EATNS 碳管理体系贯标示范，一建集团构建了“建筑设计→施工生产→物业运维”全生命周期的碳排放管理模式。

（一）建筑设计

按照建筑运行碳排放指标满足《建筑节能与可再生能源利用通用规范》（GB 55015—2021）第 2. 0. 3 条的要求，一建集团对于 2022 年 4 月份以后的设计项目，均参照上述标准要求策划了碳排放分析报告。

（二）施工生产

一建集团每年年初以红头文件形式，明确组织机构，分解指标、目标，按照各单位项目情况制订绿色施工创建计划。要求所有在建项目创建率为 100%。文件要求所有项目开工初期编制专项方案，施工现场进行三区分离，分区设置水、电表进行计量，项目部必须设置绿色施工专职管理人员，负责落实绿色施工管理日常工作及能源、资源、材料与环保监测的统计和资料管理工作，并编目成册，建立专项台账。此外，施工生产阶段通过科学管理和技术进步，最大限度地节约资源，自项目开工之后起，按照分部分项监测主要使用量，并进行碳排放计算。

（三）物业运维

一建每年实施节能改造项目，如锅炉改造升级、冷水机组升级、冷却塔升级项目，并与安装公司合作开发物业智慧运维软件，通过系统大数据不断优化，达到节约能源、智能运行的目的。以建工大厦运维为例，建工大厦自 1996 年建成投入使用，迄今已逾 25 年，对比现今的新技术、新设备，在能耗指标和碳排放等方面都有较大的差距。为此，建工大厦特别对冷冻机组和灯控系统等多个系统进行了更换和改造活动，通过对冷水主机的整体改造、更换原冷却塔等项目，实现能效提升近 30%。

四 取得的成果及推广前景

1. EATN 碳管理体系

作为建筑行业首家 EATNS 碳管理体系贯标示范企业，一建集团构建了“建筑设计→施工生产→物业运维”的碳排放管理模式，对行业起到了引领示范作用。2022 年 4 月 26 日，一建集团 EATNS 碳管理体系贯标示范单位授牌仪式在沪举行，上海环境能源交易所为一建集团授牌，一建集团成为建筑行业首家 EATNS 碳管理体系贯标示范企业，这标志着 EATNS 碳管理体系标准正式在建筑行业适用，是 EATNS 碳管理体系助力建筑行业低碳转型升级的新起点。

图 3-1　一建集团被授予碳管理体系贯标示范单位

2. 绿色设计

上海建工建筑构件（海南）装配式建筑 PC（混凝土预制件）基地项目是一建集团建筑设计院自主设计的项目，通过在供暖、空调、照明、生活热水、可再生能源等 5 个方面对建筑节能设计，控制运行阶段碳排放，再充分利用海南日照时间长的特点设计分布式光伏电站，减少火力发电的煤炭应用，减少碳排放（见图 3-2）。通过综合计算使项目碳排放强度在 2016 年执行的节能设计标准的基础上降低了 42.58%，降低了 11.33kgCO_2/（m^2. a）（见图 3-3）［根据《建筑碳排放计算标准》（GB/T 51366—2019）及《建筑节能与可再生能源利用通用规范》（GB 55015—2021）］。

图 3-2　分布式光伏电站

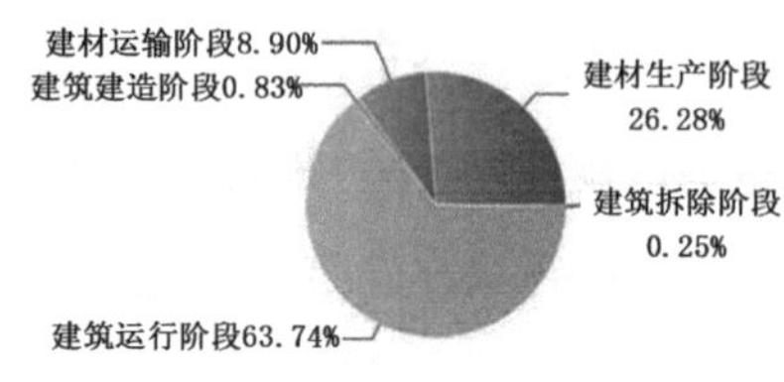

图 3-3　项目各阶段节能情况

3. 绿色建造

运用低碳绿色建造技术、创新优化施工方案，进一步降低项目施工阶段碳排放。以张江科学之门为例，项目碳排放量在上海市标准的基础上降低了 29.4%，比项目预定降低了 14.0%；以洋山国际中转集拼便利化基地项目（见图 3-4）为例，项目碳排放量在上海市标准的基础上降低了 32.4%，比项目预定降低了 29.5%（见图 3-5）。针对超高层工程项目和工业建筑工程项目开发的相关低碳建造技术在项目中试用验证后，在碳排放量方面明显优于传统技术，可以在其他大型超高层项目以及工业建筑项目中进行推广使用，以期收到更低的碳排放效果。

图 3-4　洋山国际中转集拼便利化基地项目

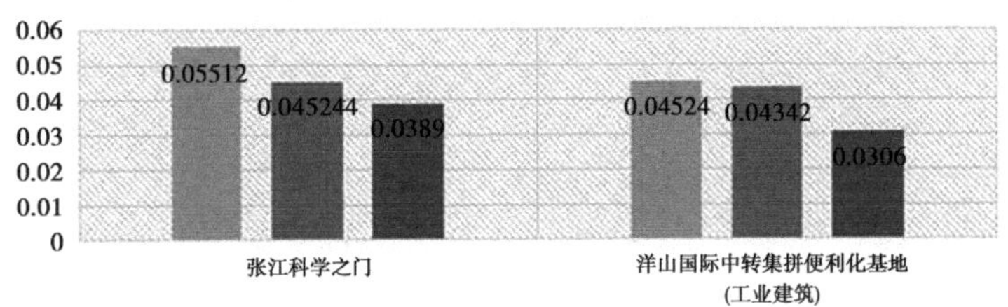

图 3-5　施工阶段碳排放强度

4. 绿色运维

在建工大厦改造项目中，一建集团依托建筑节能及设施运维公司，研发出“能源托管服务-高效机房改造”，即 energy as a service-high efficiency chiller plant retrofit，简称 EaaS” 的新模式。集团总部大楼的碳排放总量为 147. 4tCO_{2e}，碳排放强度为 27. 88kgCO_{2e}/（m^2 · a），碳排放强度低于上海市办公类建筑运营能耗平均值 60kgCO_{2e}/（m^2 · a）。

通过构建 EATNS 碳管理体系，利用大数据、云计算、物联网等新技术赋能，一建集团以数字化手段推进绿色设计、绿色建造和绿色运维等新模式推广应用，有效降低建造全过程的资源消耗和环境污染，进一步减少碳排放，更好地应对国家宏观政策的调控，并为实现“双碳” 目标打下了坚实的基础，彰显了企业社会责任。

第四篇

行业数据分析

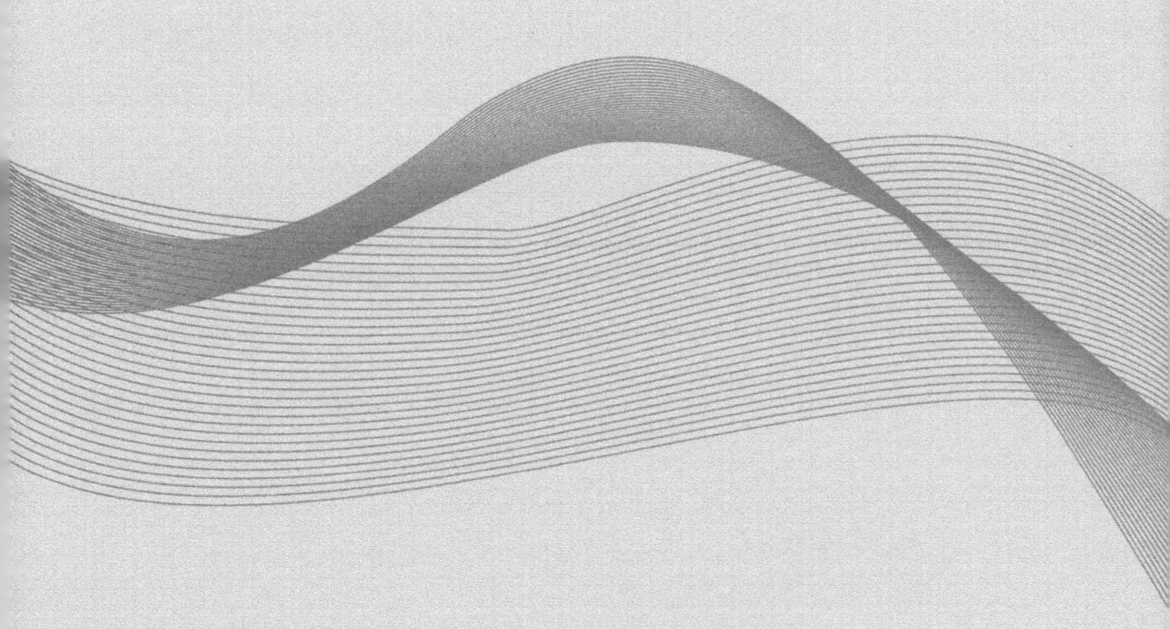

一 2020—2022年上海地区绿色建造数据统计

为贯彻上海市住房和城乡建设管理委员会提质减量的总体工作思路，2020年以来，上海市建筑施工行业协会积极参与中国施工企业协会绿色建造评价活动共推荐立项绿色建造评价项目91项。上海市建设工程绿色施工项目稳定在每年300余项，其中2020年383项，Ⅰ类样板工程130项；2021年349项，Ⅰ类样板工程126项；2022年325项，Ⅰ类样板工程125项，项目分布覆盖上海所有行政区。具体统计数据见表4-1。

表4-1　2020—2022年度Ⅰ类样板工程数据统计

名　　称	2020年	2021年	2022年
建筑面积	1082万平方米	1169万平方米	1141万平方米
房建工程造价	642亿元	633亿元	831亿元
非房建工程造价	160亿元	151亿元	181亿元
房建工程用电	46.36k·Wh/万元	43.39k·Wh/万元	42.09k·Wh/万元
非房建工程用电	90.58k·Wh/万元	60.29k·Wh/万元	62.41k·Wh/万元
房建工程用油	1.91L/万元	1.69L/万元	1.73L/万元
非房建工程用油	5.56L/万元	4.29L/万元	4.40L/万元
房建工程用市政水	2.81立方米/万元	2.62立方米/万元	2.61立方米/万元
非房建工程用市政水	3.07立方米/万元	2.70立方米/万元	2.60立方米/万元
循环水利用	159万立方米	191万立方米	354万立方米
节约钢筋	31268t	14212t	47536t
节约木材	26977立方米	16395立方米	74575立方米
节约混凝土	16万立方米	60910立方米	22.1万立方米
建筑垃圾资源化利用	79万t	41万t	55.9万t

注：根据已有数据统计，排除个别极端数据，上海市每万元产值碳排放量约为0.02tCO_{2e}。

二 超低能耗建筑发展情况

根据上海市住房和城乡建设管理委员会发布的《上海绿色建筑发展报告 2022》统计数据：上海市超低能耗建筑蓬勃发展，截至 2022 年底累计落实项目 127 个，建筑面积达到 1030 万平方米，发展规模位居全国第一。临港世界顶尖科学家论坛会议中心项目成为全国最大超低能耗公共建筑项目。

在推动超低能耗建筑发展的基础上，布局近零能耗建筑、零碳建筑等绿色低碳新技术试点，累计落实 21 个试点项目，建筑面积 85 万平方米，其中上海市首个零能耗建筑招商曹路办公项目获中央电视台媒体报道。